国家自然科学基金面上项目(52174145)资助
山东省自然科学基金面上项目(ZR2020MF101)资助
山东省科技型中小企业创新能力提升工程项目(2021TSGC1396)资助
泰安市科技创新重大专项(2021ZDZX006)资助

履带式巡检机器人建模及视觉导航三维重构方法

宋庆军　姜海燕　宋庆辉　邵会志　著

中国矿业大学出版社
·徐州·

内 容 提 要

本书结合机器人作业场景确定了机器人的行走方案,给出了机器人的总体尺寸参数与性能指标,并进行了摆臂式机器人的机械结构设计、控制系统设计、非结构环境通过性能优化;进行了视觉导航三维重构方法研究,提出了深度相机+惯导传感器的视觉导航三维重构融合方法,推导了惯导传感器的数字模型,建立了RANSAC算法改进的P3P算法估算相机的帧间位姿算法。本书可以供从事机器人学习的本科生、硕士生和从事机器人研发的科技工作者参考使用。

图书在版编目(CIP)数据

履带式巡检机器人建模及视觉导航三维重构方法 /
宋庆军等著.—徐州:中国矿业大学出版社,2024.1
　　ISBN 978-7-5646-6113-7

　　Ⅰ.①履… Ⅱ.①宋… Ⅲ.①履带-巡回检测-智能
机器人-系统建模 Ⅳ.①TP242.6

　　中国国家版本馆 CIP 数据核字(2023)第 250716 号

书　　名	履带式巡检机器人建模及视觉导航三维重构方法
著　　者	宋庆军　姜海燕　宋庆辉　邵会志
责任编辑	于世连
出版发行	中国矿业大学出版社有限责任公司
	（江苏省徐州市解放南路　邮编 221008）
营销热线	（0516）83885370　83884103
出版服务	（0516）83995789　83884920
网　　址	http://www.cumtp.com　E-mail:cumtpvip@cumtp.com
印　　刷	徐州中矿大印发科技有限公司
开　　本	787 mm×1092 mm　1/16　**印张** 11.5　**字数** 291 千字
版次印次	2024 年 1 月第 1 版　2024 年 1 月第 1 次印刷
定　　价	59.00 元

（图书出现印装质量问题,本社负责调换）

前　言

对于一些高危行业，当遇到突发事件时，工作人员难以进入复杂危险环境。"机器换人"不仅能有效地降低恶劣环境给工作人员带来的安全风险，还能保证搜索、救援等工作顺利展开。在事故搜救现场，机器人须面对狭小的空间、坍塌的建筑、崎岖的地面等复杂条件。机器人若要穿越狭小的空间，其尺寸必须足够小，但良好的越障性能，却需要一定的体积来保证。移动机器人的自主导航就是要解决定位、导航地图创建以及基于地图的运动规划这三个关键技术问题，其中定位与地图创建存在相辅相成关系，即高精度的定位需要基于精确的地图，创建精确的地图需要基于高精度的定位，自主导航问题中的定位与地图构建被描述为同步定位与建图问题。

本书作者长期从事机器人技术、视觉导航技术的教学和科研工作，根据多年来承担的纵、横向课题的研究成果，在结合大量国内外研究成果基础上整理而成。本书结合机器人作业场景确定了机器人的行走方案，给出了机器人的总体尺寸参数与性能指标，并进行了摆臂式机器人的机械结构设计、控制系统设计、非结构环境通过性能优化；进行了视觉导航三维重构方法研究，提出了深度相机＋惯导传感器的视觉导航三维重构融合方法，推导了惯导传感器的数字模型，建立了 RANSAC 算法改进的 P3P 算法估算相机的帧间位姿算法，开展了普通环境和煤矿巷道等场景的三维重构的算法。

本书由山东科技大学的宋庆军统稿，并完成第 1、3、7 章和第 8 章 1～3 节的撰写；姜海燕完成了第 2、4 章和第 6 章 1～4 节的撰写；宋庆辉完成了第 5 章的撰写，邵会志完成了第 8 章 4～5 节和第 9 章的撰写；宋庆辉完成了第 10 章的撰写。

山东科技大学的刘治江、张金辉、田春雨、高义强、宗大帅、来庆昱等研究生在本书的研究中，做出贡献的还有另外，山东科技大学的王晓双、李凯、孟祥福等研究生也为本书的研究内容和文字整理等工作做出了贡献。

本书的研究内容得到国家自然基金面上项目（52174145）、山东省自然基金面上项目（ZR2020MF101）、山东省科技型中小企业创新能力提升工程项目

（2021TSGC1396）、泰安市科技创新重大专项（2021ZDZX006）的支持，并获得山东科技大学科研创新团队支持计划项目（2018TDJH101）资助出版。

本书的编写选用参考了若干著作、博士学位论文、硕士学位论文和学术刊物上的研究论文，在此一并表示感谢！

由于作者能力有限，书中难免会有欠缺之处，恳请广大读者批评指正。

作　者

2023 年 10 月 15 日

目　　录

第1章 绪 论

1.1 概 述

机器人被誉为"制造业皇冠顶端的明珠",其研发、制造、应用是衡量一个国家科技创新和高端制造业水平的重要标志[1]。近年来,各种新型机器人不断涌现,从单一到复杂,从一体化到模块化。机器人不仅在工业制造领域,而且在灾场搜救、军事侦察、疫区作业、星球探测、消防安全等领域均得到了广泛应用。尤其十三五期间,机器人产业发展上升至国家高度。

对于一些高危行业,当遇到突发事件,工作人员难以进入复杂危险环境,"机器换人"不仅能有效降低恶劣环境对工作人员带来的安全风险,还能保证搜索、救援等工作的顺利展开[2,3]。搜救机器人复杂的作业环境,对其机动性及全地形通过性提出了较高的要求,因此如何提高机器人在非结构环境中的越障稳定性、全地形通过性已成为该领域的前沿问题和研究热点。

目前移动机器人行走机构多种多样,包括履带式、轮式、足式、复合式等。其中轮式机器人应用最广,具有速度快、转向灵活以及结构简单等优点,但对像壕沟、楼梯、松软地面等路况适应能力较差。从结构特点看,最具灵活性的是腿式机器人,但它的机械结构复杂并且行走时能耗高、接地比压大,要想快速稳定行走,还有很多难题需要解决。

履带式行走机构具有负载能力强、易控制的优点,适合搭载作业设备完成拖曳、抓取、运载等任务,但常规的履带式行走机构越障能力受自身长度和履带前角的影响,当自身体积较小时通过性能显著下降。

机器人若要穿越狭小的空间,则尺寸必须足够小,而良好地越障和作业能力,又需要一定的体积来保证,这对机器人设计来说是苛刻的,甚至是相互矛盾的。

复合式行走机构主要包括轮-履复合式、履-腿复合式以及轮-腿复合式等,其通过对单一机构的组合和调整,能有效地弥补单一行走机构的缺点,可以同时兼顾强越障和小型化,具有广阔的应用前景。

随着计算机技术的快速发展,人工智能、大数据、物联网等技术相继出现,许多传统行业依赖计算机技术实现转型,各高新技术与传统产业相继融合,产生了诸如智慧农田、智慧城市、无人超市等新的运作模式。现有针对履带机器人的研究多集中于机构创新与对典型障碍物通过性能的分析上,而对于较为复杂的多种典型障碍复合的情况与通过性能优化问题则较少研究。移动机器人自主导航是机器人控制的关键技术,矿井运作与计算机技术结合实现矿井无人化、智能化将成为未来煤矿产业的一大发展趋势。

1.2 履带机器人研究现状

履带式移动机器人具有较强越野机动性和非结构环境通过性能,被广泛应用于废墟搜救、煤矿搜救、战场作战等非结构环境和星球探测、极地探测等极限环境[4-6]。履带式机器人根据大小可以分为小型背包式(Mini Packable)、背包式(Packable)、便携式(Portable)和较大型(Maxi)。其中,Mini Packable 和 Packable 类机器人可以由单人携带;Portable 机器人可由单人携带或模块化拆卸后由多人携带;Maxi 类机器人一般大于 100 kg,一般由其他移动平台拖运至任务地点。

1.2.1 国外履带机器人研究现状

美国在履带式移动机器人研究方面走在了世界的前列。由于灾场搜救和反恐的需要,美国在履带式移动机器人的研制方面投入了大量的人力和物力。

美国的 Packbot 机器人,自身质量 18 kg,最大速度 3.7 m/s,可涉水深 3 m,每次充电行驶距离 13 km(见图 1-1)。

图 1-1 Packbot 机器人

美国的 Warrior 机器人(见图 1-2)也是一种履带式移动机器人。该机器人由四条履带、六个履带轮、一个底盘、两摆臂和一套执行机构组成。该机器人越障能力强,可攀越台阶、凸台、楼梯等多种复杂地形,可在建筑废墟内稳定行驶执行任务,具有较高的多地形适应性和越障稳定性。

德国的 PLVS 机器人使用履-腿复合式行走机构,属于 Maxi 类,自重 122 kg,最大速度 1.4 m/s,主要用于爆炸物处理工作,是履带式机器人用于排爆作业的经典产品。

以色列 MTGR 型机器人(见图 1-4),该机器人能够在环境复杂的建筑物内或封闭环境中以"引导-跟随"模式与士兵一同参与作战行动。该机器人质量仅 9.4 kg,最大可搭载 10 kg 载荷,最大速度 6 km/h,在室内室外均具有良好的机动性能。

日本的 Quince 机器人(见图 1-5),体积小,结构紧凑,底盘较低但履带覆盖率极高。该机器人自重 27 kg,最大速度 1.1 m/s,可以应对雪地大角度爬坡等多种复杂情况,具有很强的通过性能。该机器人平台可加装机械手臂。该机器人系统中的红外传感器可以检测到人的体温及呼吸状况,并将检测到传递到控制系统中,完成搜救侦查任务,具有较高的智能

图 1-2　Warrior 机器人

图 1-3　PLUS 机器人

图 1-4　MTGR 型机器人

性和应用价值。

1.2.2　国内履带机器人研究现状

　　近年来国家对灾害救援领域机器人研究的支持逐渐增加。国内许多学者和工程技术人

图 1-5　Quince 机器人

员对履带式机器人进行了大量研究，取得了一系列可喜的研究成果。

　　"灵蜥-B"系列机器人是由中国科学研究院沈阳自动化所研制的一种具有较高性价比、良好的综合性能和高可靠性的特种机器人[7]（见图 1-6）。这类机器人具有轮-履-腿复合式行走机构，重约 180 kg，最大工作高度可达 2 m，能抓取 15 kg 重物，可稳定攀爬 40°斜坡，最高可越过 40 cm 的垂直障碍物和 50 cm 宽的壕沟，连续工作时间最长 4 h。操作人员可对这类机器人进行远距离遥控操作。

图 1-6　"灵蜥-B"系列机器人

　　北京凌天智能装备有限公司研制的 ER3 型排爆机器人（见图 1-7）属于 Maxi 类，可用于处理爆炸物等相关工作，也可用于危险环境侦查。这种机器人的 6 自由度排爆机械手能实现任意角度旋转。这种机器人最大抓举质量 20 kg；其机械臂装载爆炸物销毁器，可现场摧毁爆炸物；其底盘采用履-腿复合结构，能适应各种地形。

　　中国矿业大学研制的 CUMT-V 型煤矿救援机器人（见图 1-8）[25]，采用具有转动副与杆组配合的倾角式弹簧履带结构。与其他类型的减震系统相比，该机器人结构简单越障能力强，可用于煤矿环境探测、监控、救援任务，是现今国内仅有的两款具有矿难救援资质的机器人之一。

图 1-7 ER3 型排爆机器人

图 1-8 CUMT-V 型煤矿救援机器人

中信重工开诚智能装备有限公司与哈尔滨工业大学联合研制的 KQR48 矿井救援探测机器人(见图 1-9),同为国内具有矿难救援资质的机器人。该机器人采用复合式履带行走机构,具有支承面积大、接地比压小、牵引附着性能好、不易打滑、越野机动性能好、越障、能力强等特点。

小型智能消防机器人(见图 1-10),可用于代替消防人员进入易燃、易爆、有毒、缺氧、浓烟等危险灾害事故现场,完成数据采集、处理、反馈以及火情控制等作业。操作人员通过手持控制终端,可远程无线或有线控制该机器人。该机器人可适应多种工况,具有在全天候正常工作的能力。

该电站陆地应急机器人(见图 1-11),具有世界最高水平的耐辐射摄像机,可在核辐射环境中工作,并向外界回传高清晰度的图像。该机器人能够完成高辐射环境下的无线数据传输。远程工作人员可以控制该机器人,完成各种应急处置工作,如采集核辐射计量、温度、湿度等现场信息等;还可利用组装搭配的机器人手臂,完成异物夹取、现场样本采集、简单的开闭阀门等。

图 1-9　KQR48 型矿井救援探测机器人

图 1-10　小型智能消防机器人

图 1-11　核电站陆地应急机器人

1.3　机器人通过性能研究现状

随着移动机器人在各领域的广泛应用,为提升机器人复杂路况的通过性能,学者们研制很多具有特殊行走机构的移动机器人[28]。履带机器人通过性能包括机器人通过台阶、沟道、斜坡、非结构复合型障碍以及松软地面的能力。

现有相关研究多集中于行走机构创新以及研究机器人通过台阶、沟道、斜坡等典型障碍的性能[30]。而对于机器人在复合型障碍和松软地面的通过性能和如何优化机器人在复杂路况下的通过性能，仍有待深入研究。

1.3.1　机器人越障性能及稳定性研究现状

研究履带机器人的通过性能，可用于指导机器人行走机构的改进以及路径规划，具有较大的研究价值。

日本学者以履带式多关节移动机器人 Souryu-3 为研究平台，基于质心运动学研究机器人的越障性能。他们通过分析机器人攀越障碍物时质心位置的变化情况及其与障碍物之间的几何关系，确定了机器人的最大垂直越障高度，描述了履带式多关节移动机器人的越障性能。

渥太华大学学者以双履带机器人为研究平台，分析了一种双履带机器人攀爬楼梯型障碍的性能，并采用了动力学分析方法对机器人的几何结构进行优化，确保了机器人在爬楼梯和下楼梯时的稳定性。

日本东北大学学者以双履带机器人为研究平台，通过将一种复杂的物理现象抽象为数学模型的方法，分析了一种用于火山口探测的履带机器人在丘陵山地攀爬固定和不固定两种障碍物时的性能。

哈尔滨工业大学学者[39-40]对特种作业履带机器人的履带地面作用机理、作业手臂动力学建模、作业手臂振动分析与抑制、自主越障模型建立、越障稳定性分析和自主越障动作规划等方面进行了深入研究。

中国矿业大学学者以提升机器人在煤矿井下复杂路况通过性能为研究目标，针对井下特有环境以及障碍，建立了机器人越障运动学以及力学模型，并通过仿真以及实物实验，深入研究了多种类型的履带机器人行走机构对于井下环境的适应性。

西北农林科技大学学者[48]以丘陵山地智能农机装备山地通过性能为研究对象，通过数学建模、仿真以及实物实验的方法分析了一种小型山地拖拉机的爬坡越障性能。

西南科技大学学者以核电站巡检应急机器人为研究平台，针对典型的核事故环境（楼梯、障碍物、水坑等），研究并优化了作业型履带机器人通过性、稳定性以及作业效率。

1.3.2　履带与地面作用机理研究现状

研究机器人与工作地面（土壤）之间相互作用的方法主要包括：基于地面力学理论的数学模型分析法、基于物理模型的土槽实验法以及有限元法、离散元法。基于地面力学的数学模型分析法是求解土壤-机械系统受力的经典方法。通过大量实验所得出的贝克公式直到今天仍在农业和工程领域得到应用[49]。

国内不少科研院校，如中国农业大学、吉林大学、北京理工大学、哈尔滨工业大学和华南农业大学等[50-52]都对地面力学开展了研究，并取得了一系列可喜的成果。

自 20 世纪 80 年代以来，随着 ANSYS、RecurDyn、Adams 等 CAE 仿真软件的出现，数值（计算）方法，如有限元法（finite element method，FEM）和离散元素法（discrete element method,DEM),被用于车辆-地面相互作用的研究中。

近年来,有限元方法在研究车辆-地面相互作用方面取得了很大进展。由于地面行为的复杂性和多变性,学者引入本构模型来表示地面存在的非弹性变形。有限元方法可以用来预测接地面的几何形状以及车轮土壤分界面上的法向应力和剪切应力分布,可以进一步预测车辆性能。

与有限元方法不同,离散单元法把介质看作由一系列离散元素组成的集合。基于离散元素本身具有的离散特性所建立的数学模型,将被分析土壤看作离散颗粒的集合。因与离散物质本身的性质相一致,离散单元法在分析具有离散性质的物质时具有很大的优势。

将离散元与多体动力学理论(MBD)结合可用于求解复杂的机械-地面系统,近年来此种求解方法逐渐可以通过多种不同类型仿真软件之间的双向耦合实现。

1.4 机器人视觉导航三维重构研究现状

移动机器人的自主导航就是要解决定位、导航地图创建和基于地图的运动规划等关键技术问题。定位与地图创建存在相辅相成关系,即高精度的定位需要基于精确的地图,创建精确的地图需要基于高精度的定位。自主导航问题中的定位与地图构建被描述为同步定位与建图问题。在移动机器人的相关研究中,同时定位与地图构建(SLAM),即如何在机器人的位姿具有不确定性的前提下对环境地图进行建模一直属于热点问题。三维重构技术主要基于传感器的信息构建真实环境的数字化模型。目前主流的三维构建方法有两种。一种以IBMR(Image-Based Modeling and Rendering)算法为代表,通过传感器获取一系列的环境信息,将所有的传感器信息转化为同一固定视点上的信息进而融合为数字化模型;使用这种合成方法虽然能够有效避免复杂环境中几何关系融合的复杂性,但所得到的重构模型可能会由于缺乏足够精确可靠的三维信息而重构模型不再真实,因此不适用于要求真实感的应用场合。另一种方法以 SFM(Struct From Motion)算法为代表,利用未标定的图像序列实现对真实环境的三维重构,基于传感器数据中场景的位置信息,通过多视图立体几何原理获取不同时间点传感器数据的位置信息进而创建环境的数字模型。

目前主流的视觉 SLAM 算法都是基于非线性优化的方案,包括 RGB-D-SLAM、SVO、DSO、ORB-SLAM 等。

SVO(Semi-direct Visual Odoemtry)算法是 Forster 等在 2014 年提出的一种"半直接法"。该算法是指直接匹配图像中的特征点图像块来获取相机位姿,而不是直接匹配整个图像。该算法主要有位姿估计和深度估计两个模块。该算法效率更高,运行速度快,关键点的空间位置估计可靠,但是存在误差,不是完整的 SLAM。

DSO(Direct Sparse Odometry)算法是 Jakob Engel 于 2016 年提出的,是直接法的代表。该算法通过优化图像间的光度误差来求解位姿,对光照变化比较敏感。该算法利用光度标定来增强算法的光照鲁棒性,改进了后端优化位姿的方式,引入滑动窗口机制来优化位姿,在不增加算法计算量的同时,利用边缘化策略维护局部窗口。

ORB-SLAM 是一个基于关键帧的单目视觉 SLAM 系统,同时兼容双目相机或者 RGB-D 传感器。ORB-SLAM 将整个程序分为相机跟踪、地图构建、闭环检测三个线程,并使用 ORB 特征贯穿了从特征匹配到回环的整个数据流。

2017 年提出的 ORB-SLAM2 框架是经典 SLAM 线程模型的继承者。为了完成 SLAM

系统,它使用 ORB 特征点和三个主要并行线程。跟踪线程用于实时跟踪特征点,局部映射线程用于构造局部 Bundle Adjustments(BA)映射,循环关闭线程用于纠正累积漂移并执行姿态图优化。在大场景和大环路下,它可以长时间运行,从而保证轨迹和地图的全局一致性。ORB-SLAM2 是用于定位和映射的最佳执行框架之一。然而,它在处理动态环境问题上仍有许多不足之处,有必要进行进一步的探索。

传统的 SLAM 框架在动态环境中工作时,由于受到动态对象的干扰,其性能不佳。为了解决动态环境下的 SLAM 问题,Xiao L 等利用深度学习在目标检测中的优势,提出了一种语义同时定位和映射框架 Dynamic-SLAM[63]。在卷积神经网络的基础上,通过漏检补偿算法来提高构造的检测动态对象的 SSD 检测器的查全率。基于特征的视觉 SLAM 系统在跟踪线程中通过选择性跟踪算法对动态目标的特征点进行处理,减少了不正确匹配造成的位姿估计误差。

Yba A 等[64]提出了一种基于 ORB-SLAM2 的实时、鲁棒的动态环境 VSLAM 系统。为了减少动态内容的影响,在视觉测程中引入基于深度学习的目标检测方法,并加入动态目标概率模型,提高了深度神经网络的目标检测效率,提高了 VSLAM 系统的实时性。

TSDF 类的 SLAM 算法可以高密度的重建场景的众多信息。TSDF 将三维场景划分成许多小块,利用深度信息进行场景重建,但消耗的储存空间较多。TSDF 常见的算法包括 Kinect Fusion,Elastic Fusion 等。① Kinect Fusion,是一种基于 TSDF 模型的实时 RGB-D 稠密重建系统。通过 TSDF 模型的融合,利用每次观测的深度信息,不断优化更新 TSDF 数值和地图。② Elastic Fusion 是一种基于 Surfel 模型的实时稠密重建算法。利用 Surfel 模型对地图进行重建和融合更新,Surfel 模型存储了点的位置信息、面片的半径、法向量、颜色空间信息、点的获取时间信息。在进行点的融合更新时,点的位置信息、法向量和颜色信息的更新方法类似于 Kinect Fusion 的。

一种基于 RGBD 传感器的三维重建算法 Mask Fusion,使用 Mask-RCNN 结合图像边缘提取对图像进行分割,在构建背景地图的同时对识别出的物体进行三维重建。

一种基于子映射连接的三维重建算法[69],通过引入平面和点作为特征,可以在具有挑战性的数据集上生成精确的轨迹和高质量的 3D 模型,比批量离线三维重建效率更高。

2021 年,Duan Z M 等提出了一种基于学习深度预测的单目三维重建系统——RGB-Fusion[70]。该系统解决了传统单眼重建的局限性,并证明了深度学习与 SLAM 相结合是解决传统三维重建局限性的有效方法。他们提出联合优化方法将 ICP 算法和 PnP 算法相结合,提高了位姿估计精度。但是该系统增加了计算资源的消耗,无法在移动设备上实时运行。

最能与 RGB-Fusion 相媲美的是 CNN-SLAM[71]。该系统将 CNN 预测的密集深度图与直接单目 SLAM 获得的深度测量数据自然融合在一起;可以在单目 SLAM 方法容易失败的图像位置进行深度预测,使用深度预测来估计重建的绝对规模,从而克服了单眼 SLAM 的主要局限性之一。

第 2 章 履带机器人优化设计

履带式移动机器人具有较强的地面适应能力,故多应用于灾场搜救、军事勘察、星球探测、反恐防暴等许多危险的非结构环境中[72]。机器人本体结构的设计是机器人能否在复杂环境中完成搜救、侦察等任务的关键。为此本章综合考虑国内的设计标准以及国外先进的设计经验,拟提出一种摆臂履带机器人行走机构的设计方案和指标,进而规划机器人的整体机械传动结构和控制系统,并最终完成机器人系统的设计,为接下来的履带机器人通过性能分析、优化以及试验研究提供基础。

2.1 功能需求与设计指标

2.1.1 功能需求

依照工作任务的需要,履带搜救机器人上会选择性地搭载探测器、机械臂、无人机平台、照明灯、信号中继器、生化洗消喷枪等作业设备中的一种或多种,这就需要其具有一定的负载能力。机器人需要通过复杂危险环境到达作业地点,且作业时要保证所搭载作业设备稳定运行,这就要求其自身拥有较强地越障和姿态调整能力以及一定的防护等级[73-75]。综合考虑环境及作业负荷因素,需要设计一种越障能力强且具有一定负载能力的履带式搜救机器人。

2.1.2 性能指标

依据《地面废墟搜救机器人通用技术条件》(GB/T 37703—2019)[76]和国外优秀搜救机器人 Quince 的结构参数和性能指标[18],提出了拟研发机器人的性能指标,如表 2-1 所示。

表 2-1 机器人性能指标

名称	国家标准机器人移动性能要求	拟研发机器人性能指标
行走速度	≥0.2(m/s)	0.3(m/s)
越障高度	≥250 mm	≥250 mm
爬坡角度	≥30°	30°
越沟宽度	≥200 mm	≥200 mm
转弯半径	≤100 mm	≤100 mm
自身重量	—	27 kg
最小通行入口尺寸	400 mm×400 mm	390 mm×300 mm

表 2-1（续）

名称	国家标准机器人移动性能要求	拟研发机器人性能指标
持续工作时间	≥1 h	1.5 h
防尘防水等级	IP54	IP54
急停功能	有	有

2.2　腹带机器人行走机构总体设计

2.2.1　履带式行走机构构型分析

履带式行走机构是轮式行走机构的拓展。履带本身起着给车轮连续铺路的作用。相关研究表明，与轮式行走机构相比，履带式行走机构地形适应性好，易于操控，更能适应非结构化地形。

传统的履带机器人仿照履带式工程车辆结构设计，采用方形履带（T 形）作为行走机构（见图 2-1），其越障高度与驱动轮和导向轮的直径有关。对于存在较大障碍物的场景，其行走机构自身需要具有较大的体积才可保证良好的通过性能。

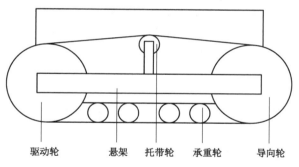

驱动轮　　　悬架　　托带轮　　承重轮　　导向轮

图 2-1　方形履带行走机构

为解决这一问题，以方形履带为基础进一步衍生出了 W 形（w-T）、梯形（tr-T）、摆臂式（TAO、TAI）和四摆臂式（TAAO、TAAI）履带行走机构。

W 形和梯形履带行走机构由两条履带组成（见图 2-2）。相比方形履带，W 形和梯形履带行走机构具有更大的履带前角和底盘高度，从而提升了行走能力，但是其越障性能同样受自身尺寸的限制较大。

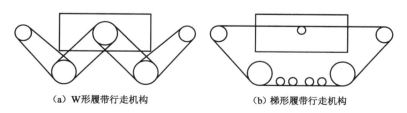

（a）W形履带行走机构　　　　　　（b）梯形履带行走机构

图 2-2　W 形和梯形履带行走机构

摆臂履带式行走机构的行走能力最为优越,其分为摆臂内置式和摆臂外置式两种(见图 2-3)。摆臂履带式行走机构可以通过摆臂调整自身姿态以较小的体积跨越较高的障碍,而且在翻倒时可依靠摆臂摆动完成姿态调整实现自复位。摆臂内置式行走机构的摆臂位于主履带内部,这种布置方式可以减小机器人的宽度,但相应地会减小机身的内部空间以及限制主履带宽度向内侧的拓展。现有摆臂式履带机器人多采用摆臂外置式布局。

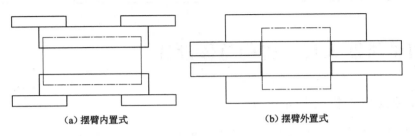

(a) 摆臂内置式　　　　　　　　　(b) 摆臂外置式

图 2-3　四摆臂履带行走机构

在方形、W 形、摆臂式等履带行走机构中,摆臂式履带行走机构在复杂路况下的通过性能最强,为近年来的主要研究类型。

2.2.2　行走机构传动方案设计

为更好适应复杂路况,所设计机器人采用双主履带-四摆臂式布局[见图 2-3(a)],而非较简单的双摆臂结构。双主履带-四摆臂行走机构主要由机身主体、两条主履带、两组摆臂组成。机身主要功能是安装动力源、作业设备、控制器、电源等。主履带较为宽大,主要起减小接地比压的作用。摆臂履带分别位于主履带外侧,并且左右对称,起支撑机体、辅助越障和姿态调整的作用。

增加摆臂后机器人多出四个转动副,用以实现四个摆臂的摆动。若每个摆臂单独驱动,则需要四台电机。由于前摆臂使用的蜗轮蜗杆传动方式具有反向自锁功能,且前摆臂动力源的作用主要是在越障前将摆臂摆动到合适位置,故考虑将前侧两个摆臂整合为一个模组,共用一个动力源驱动,以减轻机体质量和增加内部空间。后摆臂因需要在跨越较高的障碍物或翻倒时支撑起机体,所需驱动转矩较大,故需要为每一个后摆臂单独配置一个动力源,以保证可以顺利完成姿态调整任务。

履带机器人机身内部安装有摆臂驱动电机、主履带驱动电机、电源、控制器以及传动机构(同步带、同带轮、减速器等)(见图 2-4)。① 两个后摆臂动力源位于机身后部两侧,由步进电机和减速器组成。步进电机通过蜗轮蜗杆减速器将动力传导到同步带并进一步减速,大同步带轮与后摆臂连杆同轴固定转动。② 主履带动力源由两个步进电机组成。步进电机位于机身前端两侧,通过同步带减速后带动与大同步带轮相连的主履带轮转动。③ 前摆臂动力源由突出于机身最前端的步进电机和减速器组成。步进电机经过蜗轮蜗杆减速器减速后将动力输出至前摆臂传动轴。④ 电源位于机身的后侧,用以平衡质心保证机器人总质心位于机器人的中部。

此种传动结构在尽可能减小机器人宽度的同时保证了较大的输出力矩,具有创新性。

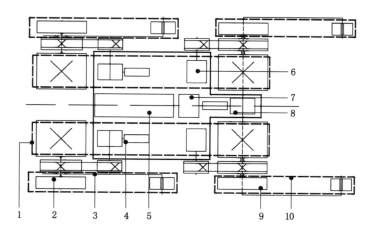

1—主履带；2—后摆臂；3—后摆臂履带；4—后摆臂动力源；5—电源；6—主履带动力源；
7—控制器；8—前摆臂动力源；9—前摆臂；10—前摆臂履带。

图 2-4　履带机器人传动系统布局图

2.3　腹带机器人机械系统设计

摆臂履带机器人作为一个较复杂的系统，涉及多学科。应从整体考虑，在满足机器人性能指标的同时，还需保证腹带机器人在非结构化地形下的通过性能、可靠性、小型化、轻量化以及性价比。

2.3.1　结构尺寸约束条件

在腹带机器人移动底盘总体结构确定后，需要结合设计指标，通过分析几种典型障碍尺寸来确定底盘的关键结构参数。

在进行关键结构参数设计时，从腹带机器人与障碍物的几何关系出发，主要考虑了斜坡、壕沟、台阶和楼梯四种典型障碍，从而确定行走机构的关键尺寸约束条件。

（1）斜坡

腹带机器人在斜坡上有两种运动状态，即正向运动和横向运动。当腹带机器人在坡度较大的坡面上行驶时，若其尺寸设计不合理，很容易引起倾覆，影响正常任务的完成。腹带机器人正向斜坡运动状态，如图 2-5 所示。此时，履带和地面接触面积最大，腹带机器人所能攀爬的斜坡坡度最大。腹带机器人总质心和履带斜坡接触面最末端的水平距离为 d_G。当 $d_G<0$ 时机器人将会发生倾覆现象。由图 2-5 可知，为保证机器人不发生倾翻应有：

$$d_G = \left[\sqrt{L_2^2 - (R-r)^2} + L_X - L_z \tan(\varphi) \right] \cos(\varphi) > 0 \tag{2-1}$$

图 2-6 所示为腹带机器人沿着斜坡横向移动状态。机器人总质心和履带斜坡接触面最下端的水平距离为 d'_G。当 $d'_G<0$ 时，腹带机器人将会发生倾覆现象。由图 2-6 可知，为保证腹带机器人不发生倾翻应有：

$$d'_G = \left[L_{w2} + L_y - L_z \tan(\varphi) \right] \cos(\varphi) > 0 \tag{2-2}$$

（2）壕沟

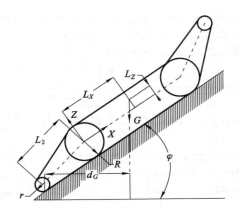

r—摆臂履带从动轮半径；R—主履带轮半径；L_2—后摆臂转动中心到其对应从动轮转动中心的距离；
L_X—履带机器人总质心 G 在机身坐标系 X 轴的坐标；L_Z—履带机器人总质心 G 在机身坐标系 Z 轴的坐标；
φ—坡面角；d_G—履带机器人总质心 G 和履带斜坡接触面最末端的水平距离。

图 2-5   机器人正向爬坡示意图

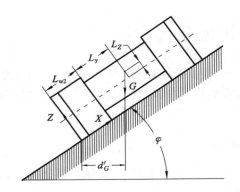

r—摆臂履带从动轮半径；R—主履带轮半径；L_w2—履带机器人单侧履带宽度；L_y—履带机器人总质心到主履带内侧
的距离；L_x—履带机器人总质心 G 在机身坐标系 X 轴的坐标；L_Z—履带机器人总质心 G 在机身坐标系 Z 轴的坐标；
φ—坡面角；d'_G—履带机器人总质心 G 和履带斜坡接触面最下端的水平距离。

图 2-6   机器人沿斜坡横向移动示意图

机器人行驶时也会遇到壕沟障碍。当壕沟的宽度较大时，机器人需以图 2-7 所示的方式通过，即摆臂履带下方与主履带平行，越障时机器人总质心的垂线刚未到达壕沟左侧边沿，且前摆臂从动轮已经搭在壕沟右侧边沿上。这种情况下，底盘可平稳跨过壕沟。此时有：

$$(L_1 - L_X) + \sqrt{L_3^2 - (R-r)^2} > W_t \qquad (2-3)$$

（3）台阶

台阶是履带式机器人执行任务时经常遇到的一种典型障碍。当台阶高度较低时，腹带机器人应能不借助后摆臂调整姿态直接通过；当台阶高度较高时，腹带机器人需要通过摆臂的辅助攀越障碍。下面主要分析腹带机器人的极限越障高度。

当台阶高度较高时，腹带机器人需以图 2-8 所示的方式攀越障碍。腹带机器人通过后摆臂的摆动调整机身姿态，当腹带机器人总质心越过障碍物时越障成功，此时有：

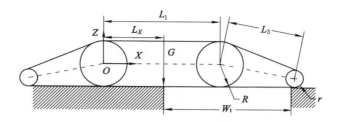

r—摆臂履带从动轮半径;R—主履带轮半径;L_1—前后摆臂转动中心间的距离;L_3—前摆臂转动中心到其对应从动轮转动中心的距离;L_X—履带机器人总质心 G 在机身坐标系 X 轴的坐标;W_t—壕沟宽度。

图 2-7　机器人跨越壕沟示意图

$$r + L_2 + L_X \sin(\beta_0) - \frac{R - L_Z}{\cos(\beta_0)} + L_Z \cos(\beta_0) > h_{\max} \tag{2-4}$$

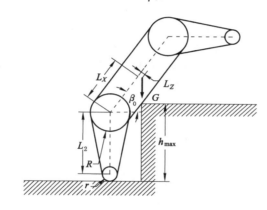

r—摆臂履带从动轮半径;R—主履带轮半径;L_2—后摆臂转动中心到其对应从动轮转动中心的距离;

L_X—机器人总质心 G 在机身坐标系 X 轴的坐标;L_Z—机器人总质心 G 在机身坐标系 Z 轴的坐标;

$h_{\max}$—壕沟宽度;β_0—机身与地面的夹角。

图 2-8　机器人攀越台阶障碍示意图

（4）楼梯

在城市环境中执行任务时,机器人有很大概率碰到楼梯型障碍。楼梯障碍可看作是高度较低台阶组合。机器人底盘在攀爬楼梯时,可分为三种情况:履带机器人与台阶单点接触、两点接触和三点接触。如图 2-9 所示,履带机器人稳定攀爬楼梯需满足相关条件。

① 履带机器人总质心到后摆臂从动轮转动中心的距离大于单个台阶宽度,此时有:

$$\sqrt{L_2^2 - (R - r)^2} + L_X - (L_2 + R)\tan(\beta_0) > \sqrt{H^2 + B^2} \tag{2-5}$$

② 履带机器人可以与楼梯三点接触,此时有:

$$\sqrt{L_2^2 - (R - r)^2} + L_1 + \sqrt{L_3^2 - (R - r)^2} > 2\sqrt{H^2 + B^2} \tag{2-6}$$

满足以上两个条件时,履带机器人可以平稳爬上楼梯。

综合式(2-1)至式(2-6)得到最终的结构尺寸约束条件如下:

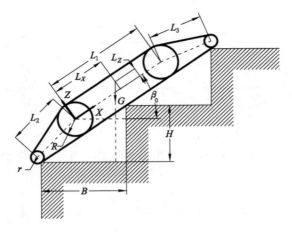

r—摆臂履带从动轮半径；R—主履带轮半径；L_1—前后摆臂转动中心间的距离；

L_2—后摆臂转动中心到其对应从动轮转动中心的距离；L_3—前摆臂转动中心到其对应从动轮转动中心的距离；

L_X—机器人总质心 G 在机身坐标系 X 轴的坐标；L_Z—机器人总质心 G 在机身坐标系 Z 轴的坐标；

H—楼梯单台阶高度；B—楼梯单台阶踏步深度；β_0—机身与地面的夹角。

图 2-9　机器人攀爬楼梯示意图

$$\begin{cases} d_G = \left[\sqrt{L_2^2 - (R-r)^2} + L_X - L_Z\tan(\varphi) \right]\cos(\varphi) > 0 \\ d'_G = \left[L_{w2} + L_Y - L_Z\tan(\varphi) \right]\cos(\varphi) > 0 \\ (L_1 - L_X) + \sqrt{L_3^2 - (R-r)^2} > W_t \\ r + L_2 + L_X\sin(\beta_0) - \dfrac{R - L_Z}{\cos(\beta_0)} + L_Z\cos(\beta_0) > h_{\max} \\ \sqrt{L_2^2 - (R-r)^2} + L_X - (L_2 + R)\tan(\beta_0) > \sqrt{H^2 + B^2} \\ \sqrt{L_2^2 - (R-r)^2} + L_1 + \sqrt{L_3^2 - (R-r)^2} > 2\sqrt{H^2 + B^2} \end{cases} \quad (2-7)$$

在实际执行任务的过程中，履带机器人总质心会随着摆臂的摆动和机身携带执行机构的不同而不断变化，所以在确定行走机构尺寸参数时，应留有一定的余量。

参考《地面废墟搜救机器人通用技术条件》以及《民用建筑设计统一标准》，取障碍物结构参数分别为：$\varphi = 55°$，$H_{\max} = 300\ \text{mm}$，$W_t = 200\ \text{mm}$，$B = 300\ \text{mm}$，$H = 150\ \text{mm}$，进而初步确定履带机器人结构参数（如表 2-2 所示）。表 2-2 内符号代表的尺寸，如图 2-10 所示。

表 2-2　履带机器人结构参数

名称	尺寸/mm	名称	尺寸/mm
L_{w1}	372	L_3	250
L_{w2}	140	R	80
L_1	480	r	40
L_2	250	—	—

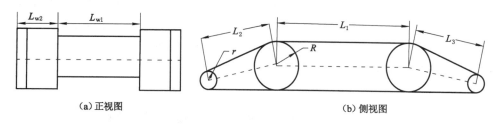

（a）正视图　　　　　　　　　　　（b）侧视图

图 2-10　履带机器人结构参数示意图

2.3.2　机械本体三维模型设计

在三维设计软件 Solid Works 中设计机械本体三维模型,主要设计前摆臂、后摆臂和机身三部分。其中根据任务需求的不同,机身上可以携带不同的传感器和执行机构来完成不同的作业任务。履带机器人整体结构三维模型,如图 2-11 所示。

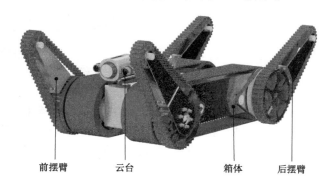

前摆臂　　　　云台　　　　　　　箱体　　　　后摆臂

图 2-11　履带机器人整体结构三维模型

将机器人的结构分为前摆臂、机身和后摆臂三部分加以分析。为实现轻量化同时保证结构强度,在机器人的设计过程中分别使用了 4140 低合金钢、6061 铝合金和 PA6。各材料性能参数,如表 2-3 所示。

表 2-3　各材料性能参数

材料名称	拉伸屈服强度/MPa	拉伸极限强度/MPa	泊松比	杨氏模量/MPa	密度/(kg/m³)	硬度/HRC
4140 低合金钢	652.2	1015	0.29	212 500	7 850	32
6061 铝合金	259.2	313.1	0.33	69 040	2 900	95
PA6	43.13	71.89	0.35	1 111	1 140	108

2.3.3　前摆臂结构设计及分析

根据所设计的越障动作,前摆臂在越障过程中主要起被动支撑作用。前摆臂角度的调整在与障碍物接触前完成。前摆臂的设计难点主要在于如何设计一种传动方式,其需要同时兼顾轻量化、结构紧凑、高可靠性以及较低的加工制造成本。

通过多次修改最终确定前摆臂结构如图 2-12 所示(两侧结构对称故略去一边)。前摆臂电机通过螺栓与蜗轮蜗杆减速器连接为一个整体,并进一步通过螺栓将两者与箱体连接。前摆臂电机输出轴与蜗轮蜗杆减速器的输入轴连接,将动力传递至垂直方向的蜗轮。前摆臂传动轴从圆法兰轴承座中穿出,一端与蜗轮以普通平键连接,另一端通过普通平键的剪切力将蜗轮的运动传递给摆臂,驱动前摆臂转动。

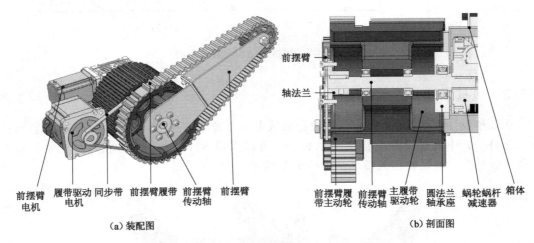

（a）装配图   （b）剖面图

图 2-12　前摆臂结构

同样,履带驱动电机通过螺栓与箱体固定,电机输出轴与小同步带轮通过平键连接,并通过同步带将扭矩从小带轮传递到大带轮。大同步带轮与前摆臂履带主动轮和主履带驱动轮是一体式设计共同转动的,由此将驱动力矩传递给主履带轮和摆臂履带轮,带动摆臂履带和主履带转动。

在上述结构中,前摆臂传动轴承受着机器人工作时摆臂的扭矩,而履带转动与摆臂转动互不影响的设计要求,使摆臂传动的径向尺寸受到较大的限制,零件很容易发生扭矩过大而失效的现象,因此必须进行静力学分析校核零件强度。

为保证结构强度,前摆臂传动使用 4140 低合金钢制造,使用 ANSYS 对前摆臂传动轴进行强度校核。其分析步骤如下:① 定义材料;② 导入几何模型;③ 网格划分;④ 定义边界及约束条件;⑤ 施加载荷、设置求解参数并求解;⑥ 后处理。

结合履带机器人的工作环境,取安全系数 $K=1.5$,划分网格并添加边界条件与载荷进行仿真求解,如图 2-13 所示。

由图 2-13(b)可知,前摆臂传动轴的最小安全系数为 1.89(大于 1.5),说明前摆臂传动轴结构强度满足设计要求。

2.3.4　机身结构设计及分析

机身主要由箱体以及其内部的传动机构、电机、控制器、电源等组成。机身内部结构,如图 2-14 所示。两个履带驱动电机和一个前摆臂电机置于机身前侧,用以带动履带和前摆臂转动;两个后摆臂电机和磷酸铁锂电池置于机身后侧。这种布置方式可以尽可能平衡质心位置。蜗轮蜗杆减速器具有结构紧凑、减速比大、反向自锁、以直角传递运动等优点;其用作摆臂电机的减速器可以有效提升箱体内部空间利用率,并降低机器人整体宽度从而提升复

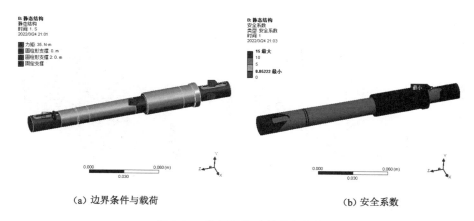

（a）边界条件与载荷　　　　　　　　　　　（b）安全系数

图 2-13　前摆臂传动轴强度校核

杂环境下的通过性能。

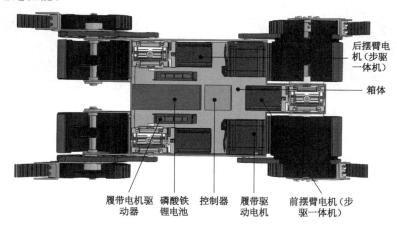

图 2-14　机身内部结构

　　箱体作为电机、传动系统以及控制器的承载机构，是机身的重要组成部分。在进行箱体的结构设计时要考虑其强度、共振频率以及防护性等问题。所设计箱体是由多个 2 mm6061 铝合金板折弯后焊接而成的，且在焊接处进行了密封处理。与铸造成型不同，上述制造方法工艺简单，成本更低。

　　基于 ANSYS 对箱体进行结构强度分析，划分网格施加边界条件与载荷。对箱体侧面的四个履带驱动电机安装孔内侧 100 mm 处施加 30 N 的远端力；对前后涡轮蜗杆减速器安装孔的内侧 50 mm 处施加 26 N 的远端力；对箱体底板施加 150 N 的力；在履带驱动电机安装孔上添加 20 N·m 的扭矩；在后摆臂蜗轮蜗杆减速器的安装孔上添加 40 N·m 的扭矩；在前摆臂蜗轮蜗杆减速器的安装孔上添加 40 N·m 的扭矩；对履带轮支架固定孔和法兰轴承座固定孔上施加固定约束。添加约束和负载后的箱体模型，如图 2-15（其彩图见附图）所示。

　　由图 2-15 可知，箱体所受最大等效应力为 51.64 MPa［见图 2-15（b）］，最小安全系数为 5.02［见图 2-15（c）］（远大于所需的最小安全系数 1.5），故箱体满足强度要求，并有较高可靠度。

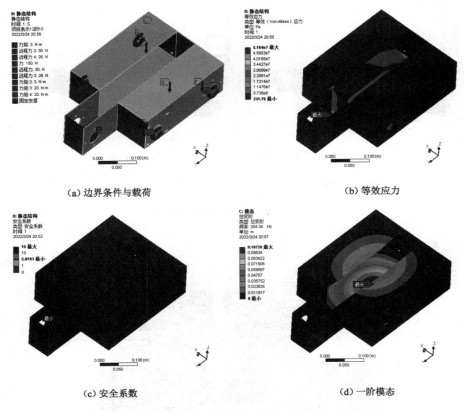

（a）边界条件与载荷　　　　　　　　　　（b）等效应力

（c）安全系数　　　　　　　　　　（d）一阶模态

图 2-15　箱体强度与模态分析

　　履带机器人在工作过程中，来自内部和外部的激励会引起箱体的振动，甚至引发共振现象。箱体的共振不仅会产生噪声，还会加剧传动机构和轴承的磨损，降低这些零部件的使用寿命，因此应尽量避免共振。

　　箱体所受到的激励主要由地面不平度和电机振动引起。地面激励频率跟车速和路面不平度波长有关，其关系可表示为：

$$F_p = \frac{v}{3.6 L_w} \tag{2-8}$$

式中，F_p 为路面激励频率，单位 Hz；L_w 为路面不平度波长，单位 m；v 为履带机器人行驶速度，单位 km/h。

　　取车速为 1 m/s（约等于 0.28 km/h），由公式（2-8）可求得不同路况下的激励频率，如表 2-4 所示。

表 2-4　不同路况下的激励频率

路面	未铺装路	碎石路	搓板路	平坦公路
路面不平度波长/m	0.77~2.5	0.32~6.3	0.74~5.6	1.6~3
最大路面激励频率/Hz	0.101	0.24	0.11	0.08

因为履带机器人在工作时行驶速度很低,其与地面产生的最大激励频率不到 1 Hz,所以可忽略。

履带机器人所选电机最大转速为 1 200 r/min,则其回转频率为 $f_t = n_t/60 = 20$ Hz。进一步分析履带机器人箱体的约束模态,得到其箱体的前六阶频率分别为:204.34 Hz、223.36 Hz、225.61 Hz、394.74 Hz、421.99 Hz、422.14 Hz。当激励频率和固有频率间隔 15% 以上时,可有效避免共振。因为箱体的最小固有频率为 203.34 Hz[见图 2-15(b)],所以电机产生的激励频率不会引起箱体共振。

2.3.5　后摆臂结构设计及分析

与前摆臂相比,后摆臂的设计更为复杂,其难点在于如何保证摆臂履带与主履带同步转动、履带和摆臂转动互不干扰以及在保证结构强度的前提下给予后摆臂充足的动力来实现履带机器人的自撑起动作。

为了解决以上难点,同时保证小型化以提升履带机器人复杂环境下的作业能力并减小质量和减少制造成本,后摆臂并没有使用传统的"轴中套轴"式的传动方法,而是创新性地采用了"蜗轮蜗杆一级减速,同步带机构二级减速,大同步带轮与摆臂由螺栓固定连接同轴转动"的传动方式。这种传动方式在保证结构紧凑的同时降低了制造成本,并可以有效避免传统"轴中套轴"结构在后摆臂与轴的连接处会产生很大应力集中的情况。

后摆臂结构如图 2-16 所示。

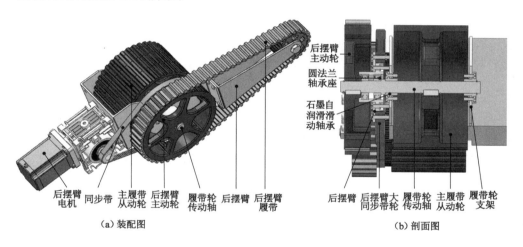

（a）装配图　　　　　　　　　　（b）剖面图

图 2-16　后摆臂结构

履带轮支架与箱体之间通过螺栓紧密相连,其上同轴固定有两个石墨自润滑滑动轴承。履带轮传动轴由石墨自润滑轴承支撑,用以将主履带从动轮与后摆臂主动轮同轴驱动连接。

使用 ANSYS 对后摆臂关键零件进行强度校核,主要是对较易出现失效的履带轮支撑机构进行强度校核,如图 2-17(其彩图见附图 2)所示。

由图 2-17 可知,履带轮支架的最小安全系数为 2.37(大于 1.5),说明其结构强度满足设计要求。

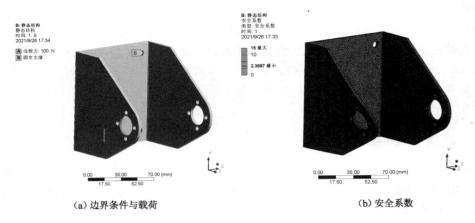

（a）边界条件与载荷　　　　　　　　　　（b）安全系数

图 2-17　履带轮支撑机构强度校核

2.3.6　机器人零件选型

（1）动力系统选型

由分析计算可知履带机器人的总质量为 27 kg,考虑到其上所携带的作业装置,其总质量在 30 kg 以上。履带机器人在进行电机选型时,其所需的最大驱动力矩可以由爬坡工况决定。取机器人自身质量为 35 kg,攀爬坡度为 30°,可推得履带机器人所需的最大驱动力矩为 29 N·m。以此结果为基础进行主履带驱动电机的选型。由于履带机器人由两条履带驱动,故单侧履带驱动轮需提供的驱动力矩为 14.5 N·m,则单侧履带驱动电机所需力矩为:

$$M_0 = \frac{M}{2} \frac{1}{\eta} \frac{1}{i} A \tag{2-9}$$

式中,M_0 为履带机器人单侧电机输出力矩,单位 N·m;M 为履带机器人爬坡时所需最大驱动力矩,单位 N·m;η 为综合传动效率,取 0.98(同步带传动);i 为减速比,取 3.5∶1;A 为安全系数,取 1.2。

履带机器人所用电机主要有空心杯电机和步进电机两种。空心杯电机具有能量转换率高、体积小、发热量低等特点,但是价格昂贵且难以精准控制。步进电机具有传动精度高、结构简单、无需减速器即可输出较大扭矩且具有一定的自锁能力等优点。

履带机器人的行驶速度一般较低,故选择性价比更高的步进电机作为动力源。由式(2-9)可知,履带机器人在爬坡时电机所需提供的最大输出力矩为 4.23 N·m,所选择的主履带驱动电机为 86BYGH98-6004 型步进电机。该电机质量为 3.1 kg,最大力矩为 7.5 N·m。

履带机器人在完成自撑起动作的过程中,设机身和前摆臂的角加速度均为 1 rad/s²,则由动力学分析结果可知,完成动作所需的最大扭矩 $T_{max} = 87$ N·m。取 η_1 为 0.98(同步带传动);η_2 为 0.7(涡轮蜗杆传动);i_1 为同步带传动减速比,取 1∶3.5;i_2 为蜗轮蜗杆传动减速比,取 1∶25;A 为安全系数,取 1.2。由式(2-8)可知,履带机器人完成自撑起动作所需的单侧最大力矩为 0.725 N·m,所选择的电机为 57HS7630D8EI 型步进电机。该电机质量为 1 kg,最大力矩为 1.8 N·m。

（2）轴承选用

根据传动轴尺寸，由于传动轴运转时主要承受径向载荷，且存在轻微轴向冲击载荷，故选用深沟球轴承。查阅机械设计手册，选用三种型号轴承用于支撑和定位。轴承具体参数如表 2-5 所示。

表 2-5　轴承参数表

装轴径/mm	轴承类型	轴承代号	内径/mm	外径/mm	宽度/mm
15	深沟球轴承	6202	15	35	11
20	深沟球轴承	6004	20	42	12
15	深沟球轴承	6002	15	32	9

（3）履带选型

① 履带长度分析。

通过查阅机械设计手册，选取主履带型号为 H 型（节距 12.7 mm）。该履带带长计算公式为：

$$L_{op} = 2a_0 + \frac{\pi(d_2 + d_1)}{2} + \frac{(d_2 - d_1)^2}{4a_0}$$ （2-10）

式中，L_{op} 为履带带长；a_0 为驱动轮和导向轮之间的中心距；d_1 为驱动轮节圆直径；d_2 为导向轮节圆直径。

在计算主履带长度时，取 $d_1 = 157.7$ mm、$d_2 = 157.7$ mm、$a_0 = 476$ mm，由式（2-10）可算得主履带长度为 1 447.43 mm，又因为履带的长度是节距的倍数，所以取主履带长度为 1 447.8 mm。

在计算摆臂履带长度时，取 $d_1 = 157.7$ mm、$d_2 = 64.68$ mm、$a_0 = 250$ mm，由式（2-10）可算得摆臂履带长度为 857.97 mm，取节距倍数后得到摆臂履带长度为 863.6 mm。

② 履带宽度分析。

履带机器人的行驶阻力与履带接地压力分布以及履带的宽度和长度有关。履带长度和宽度越大，履带在松软地面的行驶阻力越小。履带机器人的越障性能会受底盘高度和履带宽度的影响。底盘较低，越障时底盘有与障碍接触的风险。履带宽度过窄，则履带无法有效包裹底盘，在非结构地形行走时，暴露的底盘会与地面刮擦导致机器人被卡住。

履带机器人包括主履带和摆臂履带两部分。在非结构地形行走时，宽大的主履带和较高的底盘高度有效地保护了底盘，使其避免与地面剐蹭；在松软地面行驶时，机器人会产生一定的沉陷，履带与松软地面宽大的接触面积可减小履带机器人的沉陷量和行驶阻力。

设计履带机器人主履带宽度为 90 mm、摆臂履带宽度为 30 mm，设计履带机器人的总宽度为 359 mm。通过计算得出履带占宽比为 66.85%。履带机器人履带结构如图 2-18 所示。

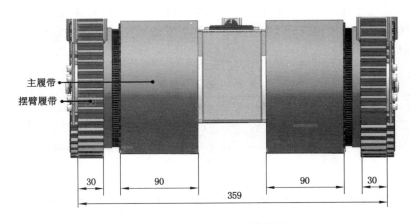

图 2-18　履带机器人履带结构

2.4　履带机器人履带轮轻量化设计

履带机器人共设计履带轮六个。其中主履带驱动轮与前摆臂履带主动轮是一体式设计,共两个;主履带从动轮和后摆臂履带主动轮各两个。为降低成本并实现轻量化,履带轮全部采用 PA6(尼龙)材料制作。初步设计的履带轮质量和体积较大,且 PA6 材料成本较高。对履带轮进行轻量化设计可以有效降低履带机器人整体质量和制造成本。

2.4.1　履带轮优化方法研究

在进行履带轮轻量化设计的同时,还需保证履带轮仍具有较高的结构强度。可将上述问题视为一个多目标优化问题。

选用 Workbench 软件中的优化模块,通过基于响应面法(Response Suface Optimization)的多目标优化,完成对三种履带轮的结构轻量化设计。

履带轮多目标优化方案设计流程,如图 2-19 所示。

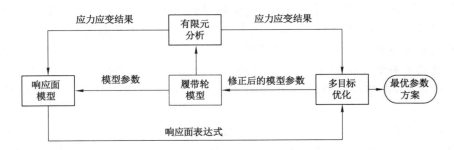

图 2-19　履带轮多目标优化方案设计流程

履带轮结构优化主要有三要素,即设计变量、约束条件和目标函数。在进行优化前需要首先对这三要素进行设定。

由于篇幅限制,仅列出后摆臂履带主动轮的优化过程;对于主履带的驱动轮和从动轮,仅列出其优化结果。

（1）设计变量

在选定设计变量时,综合考虑后摆臂履带主动轮的三维结构,依次选取轮辋宽（P_1）、轮辋支撑圆直径（P_2）、轮毂切除参照圆直径（P_3）和轮辋内径（P_4）作为设计变量,如表 2-6 所示。

表 2-6　后摆臂履带主动轮的设计变量

设计变量	变量名称	变量值意义	原设计值/mm
P_1	轮辋宽	与轮辋的宽度成正比和辐条厚度成反比	15
P_2	轮辋支撑圆直径	与轮辋支撑条厚度成反比	120
P_3	轮毂切除参照圆直径	与辐条的宽度成正比	96
P_4	轮辋内径	和轮辋厚度成反比	130

设计变量所代表的几何结构尺寸,如图 2-20 所示。

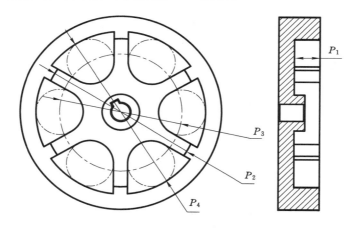

图 2-20　设计变量示意图

考察这些参数对于目标函数的灵敏度,并从中优选灵敏度高的 P_1、P_2 和 P_4 变量作为主要设计变量。

（2）优化目标

在确定优化目标时,从实际应用角度出发,一方面需要设法降低履带轮在外力作用下的应力集中与变形,提高传动机构的稳定性;另一方面必须实现履带轮轻量化的设计目标。故在选择优化目标时不仅要使质量最小化,还要保证优化后的结构具有足够的强度。履带轮的优化目标函数基于有限单元法通过仿真软件内部计算完成。所选定的履带轮优化目标,如表 2-7 所示。

表 2-7　履带轮优化目标

参数	优化目标	原设计值
最小安全系数(P_5)	最大化	12
最大总变形(P_6)	最小化	0.169 mm
最大等效应力(P_7)	最大化	3.62 MPa
最大等效弹性应变(P_8)	最小化	0.002 417 mm/mm
几何结构质量(P_9)	最小化	0.29 kg

以轻量化为主要优化目标,在优化过程中主要考虑质量 W_h、米塞斯等效应力 σ_{von} 和安全系数 K。可建立结构优化模型如下:

$$\begin{cases} \max \sigma_{von} = \sqrt{(\sigma_1-\sigma_2)^2+(\sigma_2-\sigma_3)^2+(\sigma_3-\sigma_1)^2}/2 \\ \max K = \sigma_{von}/\sigma_{max} \\ \min W_h = \sum_{i=1}^{n} \rho_i v_i \end{cases} \qquad (2\text{-}11)$$

(3)约束条件

在优化过程中添加设计变量的约束条件,可以防止样本点选取错误和避免优化后几何结构发生干涉。

设计变量的约束条件为:

$$\begin{cases} 15 \text{ mm} \leqslant P_1 \leqslant 20 \text{ mm} \\ 120 \text{ mm} \leqslant P_2 \leqslant 129 \text{ mm} \\ 129 \text{ mm} \leqslant P_4 \leqslant 139 \text{ mm} \end{cases} \qquad (2\text{-}12)$$

2.4.2　履带轮设计变量影响分析

(1)设计变量的灵敏度分析

任何数模问题都可看成是某个输入通过一个函数映射到输出上。函数里面肯定有某些参数。当参数值发生变化的时候,输出值也会发生相应的变化。灵敏度分析可用于研究一个系统(或模型)的状态或输出变化对系统参数或周围条件变化的敏感程度。

在建立合理的结构有限元模型及其优化模型的基础上,灵敏度可用于评价机构的设计参数对结构性能的影响程度。

灵敏度分析有两种类型:一种是局部灵敏度分析,另一种是全局灵敏度分析。局部灵敏度分析只研究单个参数,其变化体现了设计变量对输出结果影响的大小。灵敏度值为正时,随着变量的增大或减小,函数值增大或减小;相应的,灵敏度值为负时,随着变量的增大或减小,函数值减小或增大。

通过对履带轮模型的有限元分析结果所生成的样本点进行计算最终得到主要设计变量 P_1、P_2、P_4 与最小安全系数(P_5)、最大总变形(P_6)、最大等效应力(P_7)、最大等效弹性应变(P_8)以及几何结构质量(P_9)之间的局部灵敏度直方图,如图 2-21 所示。

由图 2-21 可知,P_1、P_4 的改变对几何结构质量(P_9)的影响较大,而减小 P_2 对几何结构

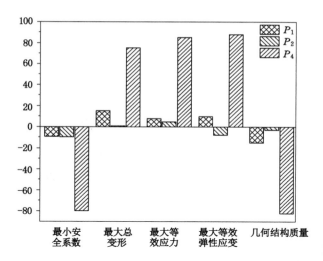

图 2-21　履带轮局部灵敏度直方图

质量(P_9)的减小程度不大,但对安全系数的降低却相对明显,故要想有效减轻几何结构质量,应尽可能从改变 P_1 和 P_4 的值入手。

（2）设计变量的响应面分析

响应面(Response Face)分析法是利用合理的实验设计方法并通过试验得到一定数据,采用多元二次回归方程来拟合因素与响应值之间的函数关系,通过对回归方程的分析来寻求最优工艺参数,解决多变量问题的一种统计方法。履带轮各设计变量与优化目标所构成的响应面,如图 2-22(其彩图见附图 3)所示。

由图 2-22 可知,最小安全系数(P_5)随 P_1、P_4 的增大而逐渐减小,随 P_2 的增大先减小后增大;最大等效弹性应变(P_8)随 P_1、P_2 的增大先增大后减小,随 P_4 的增大而减小;几何结构质量(P_9)与 P_1、P_2 和 P_3 均正相关,且 P_2 比 P_1 的影响程度小,P_4 的作用最明显。

在得到响应面模型之后需要应用 Design Experiments 模块基于多目标遗传算法(Multi Objective Genetic Algorithm,MOGA)的求解器获取最优解集,经运算得到 3 组候选方案,如表 2-8 所示。

表 2-8　候选方案

名称	P_1/mm	P_2/mm	P_4/mm	P_5	P_6/mm	P_7/MPa	P_8/(mm/mm)	P_9/kg
候选点 1	15.053	128.97	134.04	9.885 1	0.341 06	4.145 1	0.003 104	0.258 19
候选点 2	15.023	128.97	134.22	9.739 3	0.351 43	4.232 1	0.003 169 4	0.255 99
候选点 3	15.012	128.91	134.32	9.636 3	0.356 84	4.297 7	0.003 243 4	0.254 91

从三个候选点中选择一个点作为最优候选点。由于本次优化的目标主要是减轻质量,故在安全系数近似的情况下,选取几何结构质量最小的一组,并对原设计尺寸进行调整,其结果如表 2-9 所示。

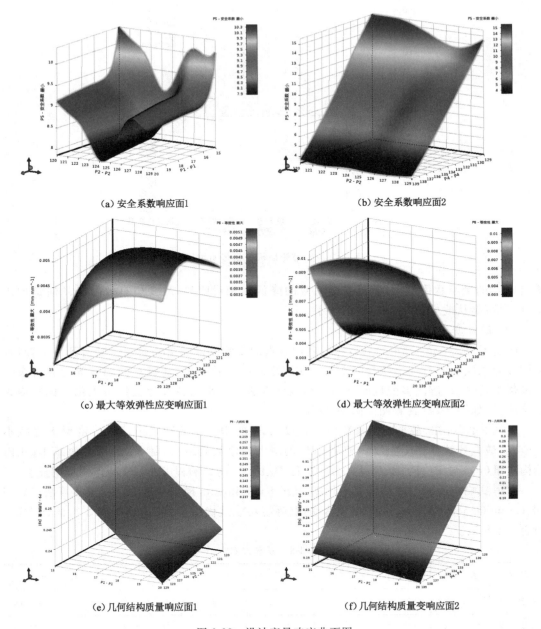

（a）安全系数响应面1　　　　　　　　　（b）安全系数响应面2

（c）最大等效弹性应变响应面1　　　　（d）最大等效弹性应变响应面2

（e）几何结构质量响应面1　　　　　　（f）几何结构质量变响应面2

图 2-22　设计变量响应曲面图

表 2-9　优化前后各参数

变量		优化前	优化后	偏差
设计参数	P_1/mm	15	15.012	0.08%
	P_2/mm	120	128.914	7.428%
	P_4/mm	130	134.32	3.323%

表 2-9(续)

变量		优化前	优化后	偏差
设计参数	P_1/mm	15	15.012	0.08%
	P_2/mm	120	128.914	7.428%
	P_4/mm	130	134.32	3.323%
目标参数	P_5	15	9.636	35.76%
	P_6/mm	0.169	0.357	111.243%
	P_7/MPa	2.536	4.298	69.479%
	$P_8/(mm/mm)$	0.002 417	0.003 243 4	34.191%
	P_9/kg	0.322 67	0.254 91	20%

通过表 2-9 可以看出 P_1、P_2 和 P_4 均有一定程度的增加,从而增大了切除面积,使得辐条和轮辋的厚度进一步减小,这说明最初的设计尺寸还是过于保守。通过优化使得在保证安全系数远大于 1.5 的情况下,减轻几何结构质量 20%。

使用同样的优化方法对其余履带驱动轮参数进行优化,调整各履带轮设计参数。优化前后各履带轮质量和安全系数如表 2-10 所示。

表 2-10　优化前后各履带轮质量和安全系数

名称		主履带驱动轮	主履带从动轮	后摆臂履带主动轮
优化前	质量	1.393 6 kg	0.614 48 kg	0.322 67 kg
	最小安全系数	15	6.575 1	15
优化后	质量	1.097 kg	0.479 42 kg	0.254 91 kg
	最小安全系数	10.389	5.869 7	9.636 3
	质量偏差	−21.283%	−21.98%	−18.11%
	最小安全系数偏差	−30.74%	−10.73%	−38.36%

通过基于 MOGA 的多目标优化,履带轮的总质量从 4.662 kg 下降到 3.663 kg,总共减轻质量 1 kg(占优化前履带轮总质量的 21.5%),同时使履带轮的加工成本进一步降低。

2.5　履带机器人控制系统设计

控制系统是履带机器人采集处理姿态信息、接收发送指令的核心部分,也是实现履带机器人基本运动功能的核心部分。履带机器人控制系统主要包括嵌入式控制系统、传感系统、驱动系统和无线收发与信号中继系统等,如图 2-23 所示。

嵌入式控制系统核心处理器为 STM32F103ZET6 芯片,包括电机驱动、信号采集、无线传输、信号中继、远程遥控以及数据上传等部分。

主控制器是控制系统的核心部分,主要用于接收并处理传感器数据,完成无线数据传输以及通过控制电机完成机器人的运动控制。电机驱动系统包括步进电机和驱动器,用于接收主控制器的控制信号并驱动电机转动,从而实现机器人前进、后退、转弯以及越障等运动。

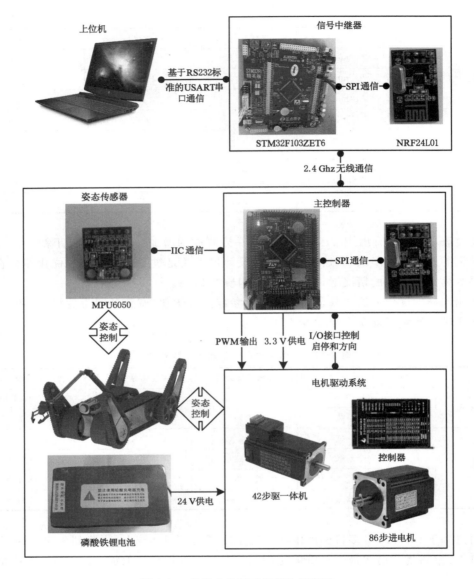

图 2-23　机器人控制系统结构示意图

供电系统共有两个电源。主电源为 10 A·h 的磷酸铁锂电池,负责为电机驱动系统供电;辅助电源负责为单片机供电。

无线通信系统主要负责将机器人采集到的数据通过 2.4～2.5 GHz 世界通用 ISM 频段的无线信号,传输给信号中继器进而传给上位 PC 机,完成人机交互。无线通信使用两个 NRF24L01 模块完成。NRF24L01 与 STM32F1 通过 SPI2 接口通信,其连接原理如图 2-24 所示。

姿态传感器模块为主控模块提供机身姿态信息。传感器信息的采集通过 MPU6050 完成。MPU6050 可以向主控制器 STM32F1 传输机身角度、角加速度、加速度和环境温度等信息。MPU6050 与 STM32F1 通过 IIC 接口通信。MPU6050 模块原理如图 2-25 所示。

从图 2-25 可以看出,MPU6050 模块自带了 3.3 V 超低压差稳压芯片供电,因此外部供

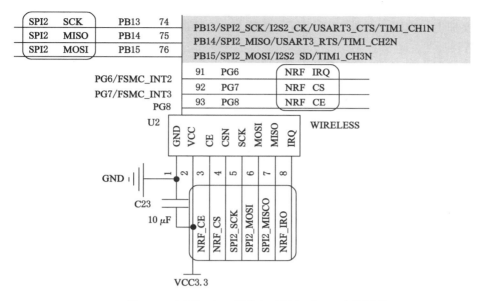

图 2-24　NRF24L01 模块与 STM32F103 连接原理

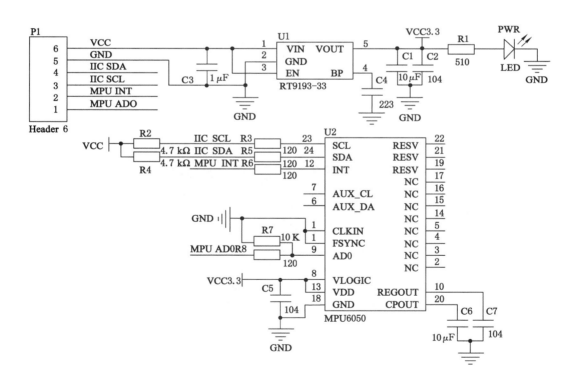

图 2-25　MPU6050 模块原理

电电压选择 3.3 V/5 V 均可。MPU6050 模块引出了 VCC、GND、IIC_SDA、IIC_SCL、MPU_INT 和 MPU_AD0 等信号。其中，IIC_SDA 和 IIC_SCL 自带 4.7 kΩ 上拉电阻，可使外部不需要加上拉电阻。另外 MPU_AD0 自带 10 kΩ 下拉电阻。当 AD0 悬空时，默认 IIC 地址为(0X68)。

单片机控制流程，如图 2-26 所示。通过结构设计、加工制造、装配接线以及嵌入式编程和调试，最终完成的试验样机，如图 2-27 所示。

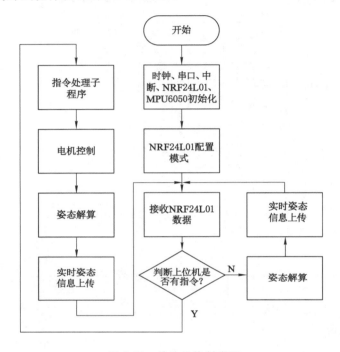

图 2-26 单片机控制流程

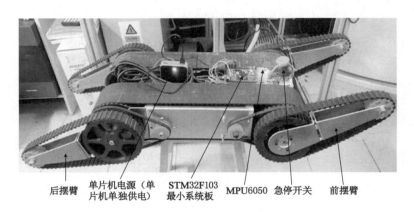

图 2-27 履带机器人试验样机

第 3 章　履带机器人质心运动学
建模与力学分析

在质心运动学以及动力学的基础上建立履带机器人运动学以及动力学模型,从而为履带机器人通过性能研究与优化提供理论基础。

3.1　履带机器人质心运动学建模

基于所设计的履带机器人移动平台结构,以 RPY 角为基础,建立履带机器人质心运动学模型。此模型可用于掌握履带机器人的运动学性能,并为其结构设计和后续履带机器人自主越障控制提供参考。

对履带机器人进行运动学分析时,首先要考虑的就是坐标转换问题。坐标转换常用的方法有欧拉角变换和 RPY 角变换等。欧拉角变换主要用于求解履带机器人本体的正逆运动学问题,而对于履带机器人在其移动空间中的位姿描述,主要使用 RPY 角变换。RPY 角变换多应用在船舶、飞机以及无人机领域。RPY 角变换通过大地坐标系和机体坐标系的变换关系来描述履带机器人在工作空间中的姿态。

（1）地面坐标系

地面坐标系是以地面为基准的坐标系(见图 3-1),是用来描述履带机器人相对于地面运动特征的参照系。

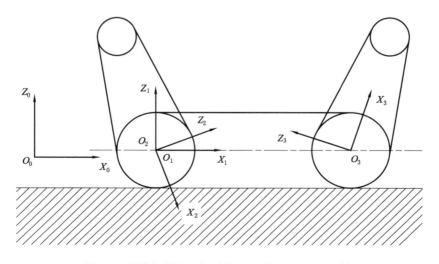

图 3-1　履带机器人坐标系分布(二维平面忽略 Y 轴)

（2）机身坐标系

机身坐标系是与机器人本体固连的坐标系，通过与大地坐标系的坐标变换关系，可确定机器人的姿态、移动方向等具体参数。

使用 RPY 角变换描述履带机器人姿态。以履带机器人后轮转动中心为原点建立机身坐标系，在合适位置建立大地坐标系与地面固连不随履带机器人运动而变化。默认履带机器人沿 X 轴方向行驶。当履带机器人左右转向时机身坐标系绕大地坐标系 Z 轴旋转，转动角度用 α 表示（α 被称为偏航角）。当履带机器人前后摆臂摆动或是在崎岖路面行驶时，机身坐标系会绕着大地坐标系的 Y 轴转动，转动角度用 β 表示（β 被称为俯仰角）。当履带机器人发生侧倾时，机身坐标系会绕着大地坐标系的 X 轴转动，转动角度用 γ 表示（γ 被称为滚动角）。

机身坐标系相对于地面坐标系转动过程可以通过旋转矩阵来表示：

$$\mathrm{RPY}(\alpha,\beta,\gamma) = \mathrm{Rot}(z,\gamma)\mathrm{Rot}(y,\beta)\mathrm{Rot}(x,\alpha)$$

$$= \begin{bmatrix} \cos(\gamma) & -\sin(\gamma) & 0 \\ \sin(\gamma) & \cos(\gamma) & 0 \\ 0 & 0 & 1 \end{bmatrix} \begin{bmatrix} \cos(\beta) & 0 & \sin(\beta) \\ 0 & 1 & 0 \\ -\sin(\beta) & 0 & \cos(\beta) \end{bmatrix} \begin{bmatrix} 1 & 0 & 0 \\ 0 & \cos(\alpha) & -\sin(\alpha) \\ 0 & \sin(\alpha) & \cos(\alpha) \end{bmatrix}$$

$$= \begin{bmatrix} \cos(\gamma)\cos(\beta) & -\sin(\gamma)\cos(\alpha)+\cos(\gamma)\sin(\beta)\sin(\alpha) & \sin(\gamma)\sin(\alpha)+\cos(\gamma)\sin(\beta)\cos(\alpha) \\ \sin(\gamma)\cos(\beta) & \cos(\gamma)\cos(\alpha)+\sin(\gamma)\sin(\beta)\sin(\alpha) & \cos(\gamma)\sin(\alpha)+\sin(\gamma)\sin(\beta)\cos(\alpha) \\ \sin(\beta) & \cos(\beta)\sin(\alpha) & \cos(\beta)\cos(\alpha) \end{bmatrix}$$

$$(3\text{-}1)$$

如图 3-1 所示，分别以腹带机器人前后摆臂转动中心为原点建立坐标系；以后摆臂转动中心为原点建立与腹带机器人箱体固连的机身坐标系 $O_1\text{-}X_1Y_1Z_1$；以后摆臂转动中心为原点建立与腹带机器人后摆臂固连的后摆臂坐标系 $O_2\text{-}X_2Y_2Z_2$；以前摆臂转动中心为原点建立与腹带机器人前摆臂固连的前摆臂坐标系 $O_3\text{-}X_3Y_3Z_3$；在腹带机器人外建立与地面固连的地面坐标系 $O_0\text{-}X_0Y_0Z_0$。

腹带机器人机身坐标系 $O_1\text{-}X_1Y_1Z_1$ 相对于地面坐标系 $O_0\text{-}X_0Y_0Z_0$ 的姿态变化用旋转矩阵（3-1）来表示。设机身坐标系相对于地面坐标系的位置为 (x_0,y_0,z_0)，机身坐标系与地面坐标系之间的齐次变换矩阵（3-2）可以描述机身坐标系 $O_1\text{-}X_1Y_1Z_1$ 上的一点相对于地面坐标系 $O_0\text{-}X_0Y_0Z_0$ 上的位置。

$$^0T_1 = \begin{bmatrix} \cos(\gamma)\cos(\beta) & -\sin(\gamma)\cos(\alpha)+\cos(\gamma)\sin(\beta)\sin(\alpha) & \sin(\gamma)\sin(\alpha)+\cos(\gamma)\sin(\beta)\cos(\alpha) & x_0 \\ \sin(\gamma)\cos(\beta) & \cos(\gamma)\cos(\alpha)+\sin(\gamma)\sin(\beta)\sin(\alpha) & \cos(\gamma)\sin(\alpha)+\sin(\gamma)\sin(\beta)\cos(\alpha) & y_0 \\ \sin(\beta) & \cos(\beta)\sin(\alpha) & \cos(\beta)\cos(\alpha) & z_0 \\ 0 & 0 & 0 & 1 \end{bmatrix}$$

$$(3\text{-}2)$$

式中，α 为腹带机器人机身坐标系绕地面坐标系 Z 轴的转动角度，单位°；β 为腹带机器人机身坐标系绕地面坐标系 Y 轴的转动角度，单位°；γ 为腹带机器人机身坐标系绕地面坐标系 X 轴的转动角度，单位°（α、β、γ 均设逆时针方向为正）。

因为坐标系 $O_1\text{-}X_1Y_1Z_1$ 与坐标系 $O_2\text{-}X_2Y_2Z_2$ 重合，两坐标相对位置为 $(0,0,0)$，坐标系 $O_2\text{-}X_2Y_2Z_2$ 只沿坐标系 $O_1\text{-}X_1Y_1Z_1$ 的 Y_1 轴转动，故齐次变换矩阵 $^1T_2$ 可简化为：

$$
\begin{aligned}
^1T_2 &= \begin{bmatrix}
\cos(\gamma_2)\cos(\beta_2) & -\sin(\gamma_2)\cos(\alpha_2)+\cos(\gamma_2)\sin(\beta_2)\sin(\alpha_2) & \sin(\gamma_2)\sin(\alpha_2)+\cos(\gamma_2)\sin(\beta_2)\cos(\alpha_2) & x_2 \\
\sin(\gamma_2)\cos(\beta_2) & \cos(\gamma_2)\cos(\alpha_2)+\sin(\gamma_2)\sin(\beta_2)\sin(\alpha_2) & \cos(\gamma_2)\sin(\alpha_2)+\sin(\gamma_2)\sin(\beta_2)\cos(\alpha_2) & y_2 \\
\sin(\beta_2) & \cos(\beta_2)\sin(\alpha_2) & \cos(\beta_2)\cos(\alpha_2) & z_2 \\
0 & 0 & 0 & 1
\end{bmatrix} \\
&= \begin{bmatrix}
\cos(\beta_2) & 0 & \sin(\beta_2) & 0 \\
0 & 1 & 0 & 0 \\
\sin(\beta_2) & 0 & \cos(\beta_2) & 0 \\
0 & 0 & 0 & 1
\end{bmatrix}
\end{aligned}
\tag{3-3}
$$

坐标系 $O_1\text{-}X_1Y_1Z_1$ 相对于 $O_3\text{-}X_3Y_3Z_3$ 的位置为 $(0,0,L_1)$，齐次变换矩阵 $^1T_3$ 可简化为：

$$
^1T_3 = \begin{bmatrix}
\cos(\beta_3) & 0 & \sin(\beta_3) & L_1 \\
0 & 1 & 0 & 0 \\
\sin(\beta_3) & 0 & \cos(\beta_3) & 0 \\
0 & 0 & 0 & 1
\end{bmatrix}
\tag{3-4}
$$

在质心运动学分析时将两个前摆臂和两个后摆臂视为一体（见图 3-2），腹带机器人机身质心 m_1 在坐标系 $O_1\text{-}X_1Y_1Z_1$ 的坐标为 $(L_{X_1},0,L_{Z_1})$，后摆臂质心 m_2 在坐标系 $O_2\text{-}X_2Y_2Z_2$ 的坐标为 $(L_{X_2},0,0)$，前摆臂质心 m_3 在坐标系 $O_3\text{-}X_3Y_3Z_3$ 的坐标为 $(L_{X_3},0,0)$。

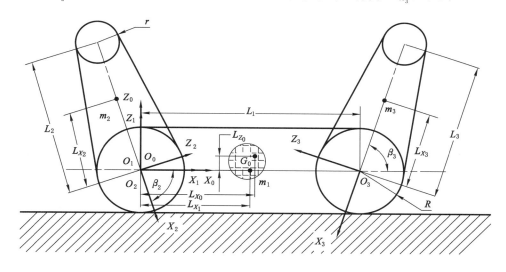

图 3-2　腹带机器人质心位置

为进行坐标变换，分别用 $^1P_1$、$^2P_2$ 和 $^3P_3$ 表示各质心在自身坐标系下的位置，其中：$^1P_1 = (L_{X_1},0,L_{Z_1},1)^\mathrm{T}$、$^2P_2 = (L_{X_2},0,0,1)^\mathrm{T}$，$^3P_3 = (L_{X_3},0,0,1)^\mathrm{T}$。前后摆臂质心相对于机身坐标系的位置为：

$$^1P_3 = {}^1T_3\,{}^3P_3 = \begin{bmatrix} \cos(\beta_3) & 0 & \sin(\beta_3) & L_1 \\ 0 & 1 & 0 & 0 \\ \sin(\beta_3) & 0 & \cos(\beta_3) & 0 \\ 0 & 0 & 0 & 1 \end{bmatrix} \begin{bmatrix} L_{X_3} \\ 0 \\ 0 \\ 1 \end{bmatrix} = \begin{bmatrix} L_{X_3}\cos(\beta_3) + L_1 \\ 0 \\ -L_{X_3}\sin(\beta_3) \\ 1 \end{bmatrix} \tag{3-5}$$

$$^1P_2 = {}^1T_2\,{}^3P_2 = \begin{bmatrix} \cos(\beta_2) & 0 & \sin(\beta_2) & 0 \\ 0 & 1 & 0 & 0 \\ \sin(\beta_2) & 0 & \cos(\beta_2) & 0 \\ 0 & 0 & 0 & 1 \end{bmatrix} \begin{bmatrix} L_{X_2} \\ 0 \\ 0 \\ 1 \end{bmatrix} = \begin{bmatrix} L_{X_2}\cos(\beta_2) \\ 0 \\ -L_{X_2}\sin(\beta_2) \\ 1 \end{bmatrix} \tag{3-6}$$

用 ^1P 和 ^0P 分别表示腹带机器人总质心在机身坐标系和大地坐标系内的坐标，故得：

$$^1P = \frac{m_1\,{}^1P_1 + m_2\,{}^1P_2 + m_3\,{}^1P_3}{m_1 + m_2 + m_3} = \begin{bmatrix} \dfrac{m_1L_{X_1} + m_2L_{X_2}\cos(\beta_2) + m_3(L_{X_3}\cos(\beta_3) + L_1)}{m_1 + m_2 + m_3} \\ 0 \\ \dfrac{m_1L_{Z_1} - m_2L_{X_2}\sin(\beta_2) - m_3L_{X_3}\sin(\beta_3)}{m_1 + m_2 + m_3} \\ 1 \end{bmatrix} \tag{3-7}$$

在正常情况下腹带机器人在进行越障动作规划时只考虑俯仰角对其总质心的影响，设 $\alpha = \gamma = 0°$，则 ^0P 的求解公式可表示为：

$$^0P = {}^0T_1\ {}^1P =$$

$$\begin{bmatrix} \dfrac{m_1L_1 + m_2L_2\cos(\beta_2) + m_3(L_3\cos(\beta_3) + L_1)}{m_1 + m_2 + m_3}\cos(\beta) + \dfrac{m_1L_1 - m_2L_2\sin(\beta_2) - m_3L_3\sin(\beta_3)}{m_1 + m_2 + m_3}\sin(\beta) + x_0 \\ y_0 \\ -\dfrac{m_1L_1 + m_2L_2\cos(\beta_2) + m_3(L_3\cos(\beta_3) + L_1)}{m_1 + m_2 + m_3}\sin(\beta) + \dfrac{m_1L_1 - m_2L_2\sin(\beta_2) - m_3L_3\sin(\beta_3)}{m_1 + m_2 + m_3}\cos(\beta) + z_0 \end{bmatrix} \tag{3-8}$$

通过公式(3-8)可计算出腹带机器人在某一姿态下总质心 m_0 在地面坐标系下的位置，从而为腹带机器人越障动作规划提供理论指导。履带机器人的主要参数，如表 3-1 所示。

表 3-1　腹带机器人主要参数

参数	数值	参数	数值
m_1/kg	21	L_{X_1}/mm	240
m_2/kg	3	L_{X_2}/mm	83.3
m_3/kg	3	L_{X_3}/mm	83.3
L_1/mm	480	R/mm	80
L_2/mm	250	r/mm	40
L_3/mm	250	—	—

在图 3-2 中：L_1 为前后摆臂转动中心间的距离；L_1、L_2 为前后摆臂转动中心到其对应从动轮转动中心的距离，$L_1 = L_2$；m_2、m_3 为履带机器人前后摆臂的质心，$m_2 = m_3$；m_1 为腹带机器人机身的质心；$L_{X_1} = L_1/2$、$L_{X_2} = L_{X_3} = L_2/3$ 为机身以及前后摆臂质心在其对应坐标系 X 轴上的坐标；β_2、β_3 为前后摆臂的摆动角度；R 为主履带轮半径；r 为摆臂从动轮半径。

由表 3-1 和式（3-7）可推得机器人质心在坐标系 $O_0\text{-}X_0Y_0Z_0$ 中的位置（图 3-2），使用 MATLAB 求解出机器人质心分布，如图 3-3 所示。

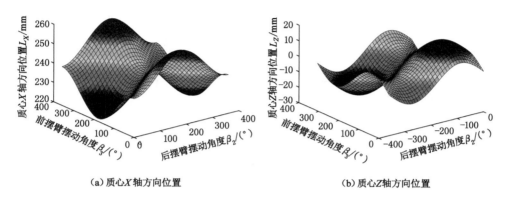

（a）质心 X 轴方向位置　　　　　　　　　（b）质心 Z 轴方向位置

图 3-3　腹带机器人质心位置分布图

由图 3-3（a）可知：在坐标系 $O_0\text{-}X_0Y_0Z_0$ 中，X 轴方向质心的位置随前后摆臂关节的摆动在 221.5 mm 至 258.5 mm 内变化，且当前后摆臂摆角为 0°和 180°时，在 X 轴取得最小值 221.5 mm；当后摆臂为 −180°前摆臂为 0°时质心在 X 轴取得最大值 258.5 mm。

由图 3-3（b）可知：在 Z 轴方向，质心的位置随前后摆臂关节的摆动在 −22.41 mm 至 14.63 mm 内变化，且当前后摆臂摆角为 −90°和 90°时，在 Z 轴取得最大值 14.63 mm，当后摆臂为 −270°前摆臂为 270°，质心在 Z 轴取得最小值 −22.41 mm。

3.2　腹带机器人驱动力分析

3.2.1　腹带机器人直行状态力学分析

为了增加运动灵活性和减小转向阻力，履带机器人平地运动时，可将前后摆臂抬起。由于机器人平地行驶速度较慢，忽略空气阻力的影响，其受力如图 3-4 所示。

根据达朗贝尔原理和牛顿-欧拉方程，建立履带机器人平地直线运动的动力学模型如下：

$$\begin{cases} \sum F_i^{(e)} + \sum F_{gi}^{(e)} = 0 \\ \sum M_0(F_i^{(e)}) + M_0(F_{gi}^{(e)}) = 0 \end{cases} \tag{3-9}$$

在对履带机器人进行动力学分析时，将机械系统抽象为质点系动力学问题。由牛顿第二定律和达朗贝尔原理可知，质点运动的任一时刻主动力、约束力与惯性力构成平衡力系，故得到力平衡方程为：

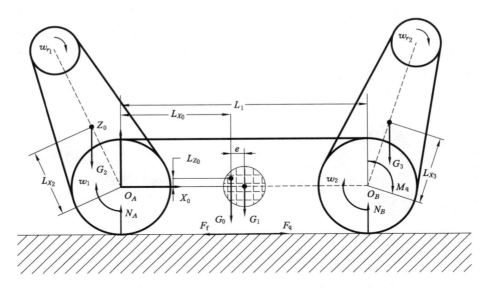

图 3-4 履带机器人平地直行时受力分析图

$$\mu(m_1 + m_2 + m_3)g - F_f - a(m_2 + m_3 + m_1) = 0$$
$$N_A + N_B - (m_2 + m_3 + m_1)g = 0$$

(3-10)

式中：F_f 为地面与履带机器人产生的滚动阻力，$F_f = f(m_1 + m_2 + m_3)g$，单位 N；$N_A$ 为 A 点处地面对履带的支撑力，单位 N；N_B 为 B 点处地面对履带的支撑力，单位 N。

根据欧拉动力学方程，将履带机器人视为刚体，以 O_A 为转动中心，得出力矩的平衡方程（3-11）如下：

$$M_q - F_f R - m_0 g L_{X_0} - a(m_1 + m_2 + m_3)R - N_B L_1 - J_1 \dot{w}_1 - J_2 \dot{w}_2 - J_{r_1} \dot{w}_{r_1} - J_{r_2} \dot{w}_{r_2} = 0$$

(3-11)

式中：M_q 为主履带驱动转矩，单位 N·m；J_1、J_2 为主履带驱动轮、从动轮转动产生的转动惯量，单位 kg·m²；J_{r_1}、J_{r_2} 为摆臂从动轮转动产生的转动惯量；w_1、w_2 为前后摆臂履带驱动轮转速，单位 rad/s；w_{r_1}、w_{r_2} 为前后摆臂从动轮转速，单位 rad/s。

设履带机器人以 0.5 m/s 的速度匀速行驶，则 $\dot{w}_1 = \dot{w}_2 = \dot{w}_{r_1} = \dot{w}_{r_2} = 0$，得到主履带驱动转矩公式（3-12）如下：

$$M_q = f(m_1 + m_2 + m_3)gR$$

(3-12)

式中：f 为滚动阻力系数。

当履带机器人处于加速过程时，$\dot{w}_1 = \dot{w}_2 = \dot{w}_{r_2} = \dot{w}_{r_3} \neq 0$，主履带驱动转矩公式如式（3-13）所示。

$$M_q = f(m_1 + m_2 + m_3)gR + a(m_1 + m_2 + m_3)R + J_1 \dot{w}_1 + J_2 \dot{w}_2 + J_{r_1} \dot{w}_{r_1} + J_{r_2} \dot{w}_{r_2}$$

(3-13)

式（3-13）的转动惯量计算方法如下：

$$J_1 = \frac{1}{2} m_1 R^2$$

$$J_{r_1} = \frac{1}{2} m_{r_1} r^2$$

$$J_2 = \frac{1}{2} m_2 R^2$$

$$J_{r_2} = \frac{1}{2} m_{r_2} r^2$$

式中，m_{r_1} 为前摆臂履带从动轮质量，单位 kg；m_{r_2} 为后摆臂履带从动轮质量。

因为 J_{r_1} 与 J_{r_2} 的值较小，为简化计算，故将其忽略，从而得到在加速过程中最终的主履带驱动转矩公式为：

$$M_q = f(m_1 + m_2 + m_3)gR + a(m_1 + m_2 + m_3)R + \dot{w}(J_1 + J_2) \tag{3-14}$$

式中，$\dot{w} = \dot{w}_1 = \dot{w}_2$。由公式(3-14)可知平地行驶时主履带驱动扭矩主要由滚动阻力系数、机器人自身质量、主动轮半径以及转动惯量决定。履带机器人行驶阻力与履带行走系统结构和路面性质有关。当履带机器人在良好路面行驶时，滚动阻力系数取 0.04，则主履带驱动力矩与自身质量和加速度的关系，如图 3-5 所示。

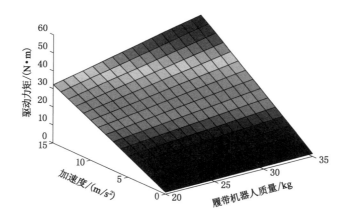

图 3-5　履带机器人平地动力学分析图

由图 3-5 可知，当履带机器人平地行驶时，加速度会对驱动力产生较大影响且其影响幅度随着质量的增加而增大。当履带机器人匀速行驶时，所需主履带驱动力矩略大于 1.1 N·m，当加速度为 15 m/s² 时，所需主履带驱动力矩在 42 N·m 以上。

3.2.2　履带机器人爬坡状态力学分析

履带机器人在坡地行驶的情况不可避免。在爬坡时，履带机器人质量、斜坡面角度以及摩擦系数都会影响履带机器人坡面行驶时的驱动力矩。建立履带机器人爬坡状态的动力学模型，并进一步求取其最大驱动力矩以及越障高度，可为其设计选型和通过性研究提供理论基础。

履带机器人爬坡状态受力分析，如图 3-6 所示。

若要履带机器人不产生向下的滑移，则要满足的最大静摩擦系数条件如下：

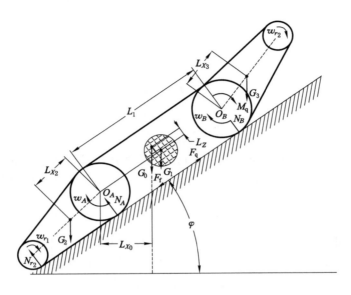

图 3-6 履带机器人爬坡受力分析图

$$\mu(m_1 + m_2 + m_3)g\cos\varphi \geqslant (m_1 + m_2 + m_3)g\sin\varphi \; \text{及} \; \mu \geqslant \tan\varphi$$

式中，φ 为摩擦角，°。

依据图 3-6 建立履带机器人爬坡动力学模型可表示为：

$$\begin{cases} N_{r_2} + N_A + N_B - (m_1 + m_2 + m_3)g\cos\varphi = 0 \\ F_q - F_f - a(m_1 + m_2 + m_3) - (m_1 + m_2 + m_3)g\sin\varphi = 0 \\ M_q + F_q R + m_0 g L_{X_0} + N_{r_2} L_2 \cos\beta_2 - F_f R - N_B L_1 - J_1\dot{w}_1 - J_2\dot{w}_2 - J_{r_1}\dot{w}_{r_1} - J_2\dot{w}_{r_2} = 0 \end{cases}$$

$$(3\text{-}15)$$

式中：

$$L_{X_0} = \frac{m_1 L_{X_1} + m_2 L_{X_2}\cos\beta_2 + m_3(L_{X_3}\cos\varphi + L_1)}{m_1 + m_2 + m_3} \tag{3-16}$$

受转动惯量和内部传动效率的影响，履带机器人爬坡所需的最大驱动力矩要略大于所求理论值，且需假定履带机器人不产生滑转。机器人所需的驱动力矩与履带机器人质量、加速度和斜坡面角度有关。

履带机器人爬坡时，根据路况的不同以及自身的传动效率，履带机器人驱动力 F_q 应略大于其重力沿坡面的分力与坡面对其产生的行驶阻力和，履带机器人爬坡所需要的最大驱动力矩可以由式(3-17)求出：

$$M_q = R(m_1 + m_2 + m_3)g\sin\varphi + R(m_1 + m_2 + m_3)fg\cos\varphi +$$
$$R(m_1 + m_2 + m_3)a + J_1\dot{w}_1 + J_2\dot{w}_2 \tag{3-17}$$

由于履带机器人会携带传感机械手等执行机构，故需要考虑其质量增加后爬坡所需扭矩。为使履带机器人做到动力充足，取履带机器人质量 $20 \text{ kg} \leqslant m_0 = m_1 + m_2 + m_3 \leqslant 35 \text{ kg}$。在不发生打滑的情况下，取加速度为 0.2 m/s^2，履带机器人驱动力矩、自身质量和坡度角之间的关系，如图 3-7 所示。

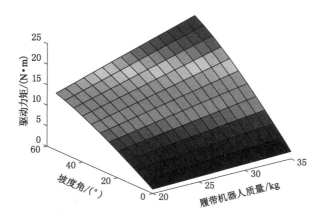

图 3-7　履带机器人爬坡动力学分析图

由图 3-7 可知,履带机器人质量和坡度角均会对履带机器人驱动力矩产生较大影响。履带机器人自身质量对最大驱动力矩的影响会随坡度角的增大而逐渐增大。当履带机器人自身质量达到 35 kg 时,履带机器人爬 35°坡的驱动力矩需要大于 29 N•m,则单侧履带所需的最大驱动力矩为 14.5 N•m。

3.3　履带机器人摆臂受力分析

3.3.1　履带机器人前摆臂受力分析

履带机器人前摆臂支撑状态从前摆臂与台阶边沿接触开始,在前摆臂刚与台阶边沿接触时,会受到台阶边沿的冲力。台阶边沿对履带机器人的冲击使其前端抬起。前摆臂驱动轴所承受扭矩增大,传动轴处于最容易发生断裂的时刻。履带机器人越障前摆臂受力分析如图 3-8 所示。

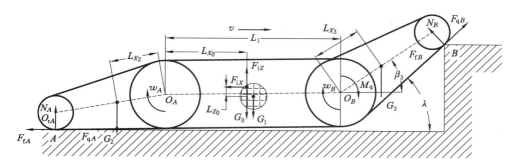

图 3-8　履带机器人越障前摆臂受力分析图

以 O_B 为矩心,假设履带机器人与障碍物接触前处于低速匀速行驶状态,建立越障初始状态动力学模型如下:

$$\begin{cases} N_A + N_B \cos \lambda + F_{qB} \sin \lambda - G_0 - F_{iZ} - F_{fB} \sin \lambda = 0 \\ F_{qA} + F_{qB} \cos \lambda - F_{fA} - F_{fB} \cos \lambda + F_{iX} - N_B \sin \lambda = 0 \\ F_{iZ}(L_1 - L_{X_0}) + G_0(L_1 - L_{X_0}) + F_{qB}R + F_{qA}R + N_B L_3 - \\ N_A[L_1 + L_2 \cos(\lambda - \beta_3)] - F_{fB}R - F_{fA}R - F_{iX}L_{Z_0} = 0 \end{cases} \tag{3-18}$$

式中，$F_{qA} = \mu_A N_A$、$F_{fA} = f N_A$、$F_{qB} = \mu_B N_B$、$F_{fB} = f N_B$。

λ 为履带机器人前摆臂下方履带与地面的夹角，其公式为：

$$\lambda = \beta_3 + \arctan\left(\frac{R - r}{L_3}\right) \tag{3-19}$$

F_{iZ} 为冲力在 Z 轴上的分量，其公式为：

$$F_{iZ} = \frac{I_Z}{(t_2 - t_1)} = \frac{m(v_{Z_2} - v_{Z_1})}{(t_2 - t_1)} \tag{3-20}$$

F_{iX} 为冲力在 X 轴上的分量。

$$F_{iX} = \frac{I_X}{(t_2 - t_1)} = \frac{m(v_{X_2} - v_{X_1})}{(t_2 - t_1)} \tag{3-21}$$

设：$v_{X_1} = 3 \text{ m/s}$、$v_{X_2} = 1 \text{ m/s}$、$v_{Z_1} = 0 \text{ m/s}$、$v_{Z_2} = 0.5 \text{ m/s}$、$t_2 - t_1 = 0.5 \text{ s}$，则 $F_{iX} = 108 \text{ N}$、$F_{iZ} = 27 \text{ N}$。

为简化计算在分析最大扭矩时，假设履带机器人在与台阶接触的瞬间，接触点 A 和 B 处都达到了最大静摩擦，取 $\mu_A = \mu_B = \mu = 0.87$，由式（3-18）可进一步求得摆臂传动轴所需承受最大的外力矩为：

$$\begin{cases} N_B = \dfrac{(F_{iZ} + G_0)(L_1 - L_{X_0}) - F_{iX}L_{Z_0} - (F_{iZ} + G_0)[L_1 + L_2 \cos(\lambda - \beta_3) + fR - \mu R]}{(f \sin \lambda - \cos \lambda - \mu \sin \lambda)(L_1 + L_2 \cos(\lambda - \beta_3) + fR - \mu R) + (fR - \mu R - L_3)} \\ N_A = (G_0 + F_{iZ}) + N_B(f \sin \lambda - \cos \lambda - \mu \sin \lambda) \\ N_A[L_1 + L_2 \cos(\lambda - \beta_3) + fR - \mu R] + N_B(fR - \mu R - L_3) = (F_{iZ} + G_0)(L_1 - L_{X_0}) \end{cases} \tag{3-22}$$

$$M_w = N_B L_3 =$$
$$\frac{(F_{iZ} + G_0)(L_1 - L_{X_0}) - F_{iX}L_{Z_0} - (F_{iZ} + G_0)[L_1 + L_2 \cos(\lambda - \beta_3) + fR - \mu R]}{(f \sin \lambda - \cos \lambda - \mu \sin \lambda)[L_1 + L_2 \cos(\lambda - \beta_3) + fR - \mu R] + (fR - \mu R - L_3)}L_3 \tag{3-23}$$

结合式（3-19）至式（3-23）可得到传动轴所受的外力矩 M_w 与 μ、λ、L_3、F_{iX} 和 F_{iZ} 之间的变化关系，如图 3-9（其彩图见附图 4）所示。

由图 3-9(a)可知，在最大静摩擦系数和前摆臂长度不变的情况下，对于常规越障情况，初始时刻 X 轴方向的冲力和 Z 轴方向的冲力均会对履带机器人前摆臂传动轴所承受的外力矩产生较大的影响；并且在前角为 40°时，沿 X 轴方向的冲力履带机器人前摆臂传动轴对外力矩的影响更大。

由图 3-9(b)可知，在所承受冲力和最大静摩擦系数不变的情况下，履带机器人前摆臂传动轴所承受外力矩随着前摆臂长度的增加而增加；随着履带机器人前角的增大，其先减小后增大，且其增大趋势随着履带机器人前摆臂长度的增加而增强。由此可见，在保证越障性能的前提下，尽可能减小履带机器人前摆臂长度不仅可以降低前摆臂传动轴所承受的外力矩，还可以降低前角对前摆臂传动轴所承受外力矩的影响。

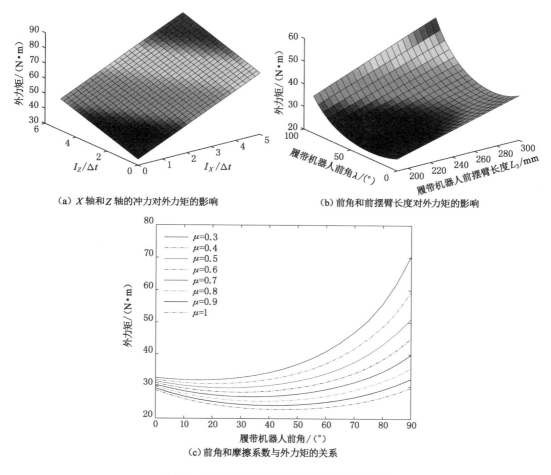

（a）X 轴和 Z 轴的冲力对外力矩的影响　　　（b）前角和前摆臂长度对外力矩的影响

（c）前角和摩擦系数与外力矩的关系

图 3-9　履带机器人传动轴承受外力矩变化图

由图 3-9（c）可知,在所承受冲力和前摆臂长度不变的情况下,前摆臂传动轴所承受的外力矩取得最小值时的前角角度会随着最大静摩擦系数的增大而增大。当最大静摩擦系数取得最大值 1 时,前角为 45°可以使前摆臂传动轴所承受外力矩最小。

3.3.2　机器人后摆臂受力分析

机器人在跨越较高障碍物时,需要使用后摆臂支撑起车体,这就对后摆臂的动力性能提出了较高的要求。

采用欧拉-拉格朗日方程进行动力学建模,并求解后摆臂支撑起车体所需的驱动力矩,其结果可为后摆臂传动结构的设计以及电机选型提供理论指导。

后摇臂支撑起车体的方法有两种,即有前摆臂辅助和无前摆臂辅助。前一种方法可以在越障前期减小后摆臂驱动电机的负担,而后一种方法对摆臂驱动电机的性能要求更高。在完成电机选型时需要考虑极限工况,故主要对第二种情况进行履带机器人自撑起时力学分析,如图 3-10 所示。

对于复杂的机器人系统,相较于牛顿力学,运用拉格朗日动力学可以使求解变得相对简

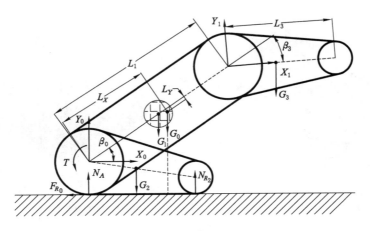

图 3-10 履带机器人自撑起时力学分析图

单。拉格朗日函数定义为：

$$L_L = K_L - P_L \tag{3-24}$$

首先对前摆臂质心位置求导得到前摆臂的速度。

$$x_{G_3} = L_1 \cos \beta_0 + \frac{L_3 \cos(\beta_0 + \beta_3)}{3} \tag{3-25}$$

$$\dot{x}_{G_3} = -L_1 \dot{\beta}_0 \sin \beta_0 - \frac{L_3 \sin(\beta_0 + \beta_3)(\dot{\beta}_0 + \dot{\beta}_3)}{3} \tag{3-26}$$

$$y_{G_3} = L_1 \sin \beta_0 + \frac{L_3 \sin(\beta_0 + \beta_3)}{3} \tag{3-27}$$

$$\dot{y}_{G_3} = L_1 \dot{\beta}_0 \cos \beta_0 + \frac{L_3 \cos(\beta_0 + \beta_3)(\dot{\beta}_0 + \dot{\beta}_3)}{3} \tag{3-28}$$

$$v_{G_3}^2 = \dot{x}_{G_3}^2 + \dot{y}_{G_3}^2 = \dot{\beta}_0^2 \Big(L_1^2 + \frac{L_3^2}{9} + \frac{2}{3} L_1 L_3 \cos \beta_3\Big) + \dot{\beta}_3^2 \Big(\frac{L_3^2}{9}\Big) + \dot{\beta}_0 \dot{\beta}_3 \Big(\frac{L_3^2}{3} + L_1 L_3 \cos \beta_3\Big) \tag{3-29}$$

系统的总动能为机身和前摆臂的动能之和（图 3-10）。由连杆绕定轴转动（对履带机器人机身）和绕质心转动（对前摆臂）的动能计算方程，可得：

$$\begin{aligned}
K_L &= K_1 + K_3 = \Big[\frac{1}{2} I_{G_1} \dot{\beta}_0^2\Big] + \Big[\frac{1}{2} I_{G_3} (\dot{\beta}_0 + \dot{\beta}_3)^2 + \frac{1}{2} m_3 v_{G_3}^2\Big] \\
&= \Big[\frac{1}{2}\Big(\frac{1}{3} m_1 L_1^2\Big)\dot{\beta}_0^2\Big] + \Big[\frac{1}{2}\Big(\frac{1}{12} m_3 L_3^2\Big)(\dot{\beta}_0 + \dot{\beta}_3)^2 + \frac{1}{2} m_3 v_{G_3}^2\Big] \\
&= \dot{\beta}_0^2 \Big(\frac{1}{6} m_1 L_1^2 + \frac{1}{6} m_3 L_3^2 + \frac{1}{2} m_3 L_1^2 + \frac{1}{2} m_3 L_1 L_3 \cos \beta_3\Big) + \dot{\beta}_3^2 \Big(\frac{1}{6} m_3 L_3^2\Big) + \\
&\quad \dot{\beta}_0 \dot{\beta}_3 \Big(\frac{1}{3} m_3 L_3^2 + \frac{1}{2} m_3 L_1 L_3 \cos \beta_3\Big)
\end{aligned} \tag{3-30}$$

系统的势能为前摆臂和机身的势能之和：

$$P_L = m_1 g \frac{L_1}{2} \sin \beta_0 + m_3 g \Big[L_1 \sin \beta_0 + \frac{L_3}{3} \sin(\beta_0 + \beta_3)\Big] \tag{3-31}$$

故履带机器人在后摆臂支撑车体过程的拉格朗日函数为：

$$L_L = K_L - P_L = \dot{\beta}_0^2 \left(\frac{1}{6} m_1 L_1^2 + \frac{1}{6} m_3 L_3^2 + \frac{1}{2} m_3 L_1^2 + \frac{1}{2} m_3 L_1 L_3 \cos \beta_3 \right) + \dot{\beta}_3^2 \left(\frac{1}{6} m_3 L_3^2 \right) +$$

$$\dot{\beta}_0 \dot{\beta}_3 \left(\frac{1}{3} m_3 L_3^2 + \frac{1}{2} m_3 L_1 L_3 \cos \beta_3 \right) - m_1 g \frac{L_1}{2} \sin \beta_0 - m_3 g \left[L_1 \sin \beta_0 + \frac{L_3}{3} \sin(\beta_0 + \beta_3) \right]$$

$$(3\text{-}32)$$

$$T_i = \frac{\partial}{\partial t} \left(\frac{\partial L}{\partial \dot{\theta}_i} \right) - \frac{\partial L}{\partial \theta_i} \tag{3-33}$$

由拉格朗日函数(3-32)通过欧拉-拉格朗日方程(3-33),可得到力矩求解方程(3-34):

$$T_1 = \ddot{\beta}_0 \left(\frac{1}{3} m_1 L_1^2 + \frac{1}{3} m_3 L_3^2 + m_3 L_1^2 + m_3 L_1 L_3 \cos \beta_3 \right) + \ddot{\beta}_3 \left(\frac{1}{3} m_3 L_3^2 + \frac{1}{2} m_3 L_1 L_3 \cos \beta_3 \right) -$$

$$\dot{\beta}_0 \dot{\beta}_3 m_3 L_1 L_3 \sin \beta_3 - \frac{1}{2} m_3 \dot{\beta}_3^2 g L_1 L_3 \sin \beta_3 + \left(\frac{m_1}{2} + m_3 \right) L_1 g \cos \beta_0 + \frac{L_3}{3} m_3 g \cos(\beta_0 + \beta_3)$$

$$(3\text{-}34)$$

摆臂履带机器人不同于普通机械手,在求解驱动扭矩时,不仅要考虑自身姿态变化对扭矩的影响,还要考虑主履带与地面接触产生的摩擦力对驱动力矩的影响。

由力-力矩平衡可知:

$$N_{r_2} L_2 \cos \left[\arcsin \left(\frac{R-r}{L_2} \right) \right] - (L_{X_0} + L_{Z_0} \tan \beta_0) \cos \beta_0 = 0 \tag{3-35}$$

$$N_A + N_{r_2} - G_0 = 0 \tag{3-36}$$

$$N_A = G_0 - \frac{(L_{X_0} + L_{Z_0} \tan \beta_0) \cos \beta_0}{L_2 \cos \left[\arcsin \left(\frac{R-r}{L_2} \right) \right]} \tag{3-37}$$

进一步的可求出在机身转动过程中,主履带与地面间的摩擦阻力。

$$F_{R_0} = \mu_A N_A = \mu_A \left\{ G_0 - \frac{(L_{X_0} + L_{Z_0} \tan \beta_0) \cos \beta_0}{L_2 \cos \left[\arcsin \left(\frac{R-r}{L_2} \right) \right]} \right\} \tag{3-38}$$

从而可求得所需总驱动力矩为:

$$T = F_{R_0} R + T_1 \tag{3-39}$$

由式(3-39)可得到扭矩与角加速度、转动角度之间的变化关系,如图 3-11 所示。

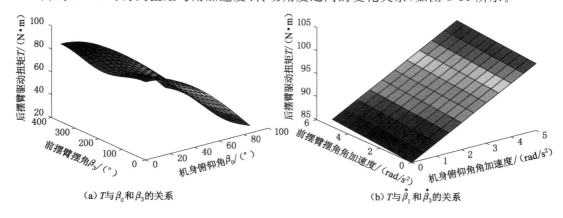

(a) T 与 β_0 和 β_3 的关系　　　　　　(b) T 与 $\dot{\beta}_1$ 和 $\dot{\beta}_3$ 的关系

图 3-11　履带机器人自撑起时力学分析图

由上图 3-11(a)可知,当角加速度为 1 rad/s^2 且初始速度为 0 时,后摆臂的扭矩随俯仰角的增大而降低,随前摆臂摆角的增大先减小后增大且当前摆臂角度为 180°时取得最小值。由上图 3-11(b)可知,后摆臂的扭矩随机身俯仰角和前摆臂摆角角速度的增大而增大,当角加速度为 0 时,$T=85$ N·m。设在完成后摆臂支撑起车体的动作时设机身和前摆臂的角加速度均为 1 rad/s2,则所需的最大扭矩 $T_{max}=87$ N·m。

第 4 章　履带机器人复杂路况通过性能分析与优化

履带机器人复杂路况的通过性能分为平地越障性能、坡地越障性能以及松软地面通过性能三种。从几何约束、打滑约束和倾翻稳定性约束三方面对履带机器人复杂路况通过性能加以分析，并通过研究履带机器人各关节尺寸、摆动角度与越障性能的关系，完成基于数学模型的履带机器人越障性能多目标优化。

在进行履带机器人通过性能分析前首先做如下简化：

① 履带机器人所有零件均视为刚体，且质量分布均匀；

② 不考虑机器人翻滚和回转运动。

4.1　履带机器人平地越障通过性能分析

履带机器人的工作环境复杂多样，包括非结构环境下崎岖、泥泞的野外地形和室内环境的楼梯、台阶等人工地形等。在所建立的质心运动学和力学模型的基础上，以攀越台阶为例，分析履带机器人的越障性能[7]。

根据越障高度的不同，可将履带机器人攀越台阶的动作分为常规越障和极限越障两种。障碍物低矮时使用常规越障动作，障碍物难以攀越时使用极限越障动作。对不同的障碍高度制订不同的越障策略可提高越障效率、提高越障成功率、降低控制程序复杂度并最终实现机器人的自主越障。

4.1.1　常规越障

当障碍高于主履带轮半径 R 时，仅靠主履带已无法顺利完成越障，机器人越障需要摆臂辅助完成，此越障方式可称为常规越障。常规越障过程如图 4-1 所示。常规越障主要包括攀爬和跨越两个阶段。

攀爬阶段从履带机器人与障碍接触开始到即将达到越障临界状态为止，在此过程中履带机器人主要在摆臂履带与台阶摩擦力的作用下逐步爬升至主履带与台阶接触，如图 4-1(b)～(c)所示。

跨越阶段从履带机器人主履带与台阶接触开始到履带机器人质心越过障碍为止，如图 4-1(c)～(e)所示。

4.1.1.1　几何约束

在履带机器人结构尺寸确定的情况下，分别研究其攀爬和跨越两阶段的越障能力，从而可推测此种越障动作在几何约束条件下所能跨越的最大越障高度。

（1）攀爬阶段最大越障高度计算

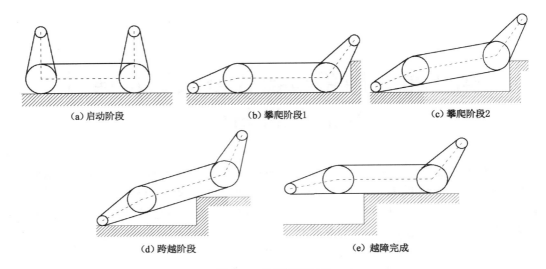

（a）启动阶段 （b）攀爬阶段1 （c）攀爬阶段2

（d）跨越阶段 （e）越障完成

图 4-1 常规越障过程

图 4-2 所示的虚线圆为有效车轮圆 R_0。有效车轮圆与地面相切于 E 点且过接触点 F。当台阶高度小于有效车轮圆半径 R_0 时，履带机器人可较好地完成攀爬阶段[88]。

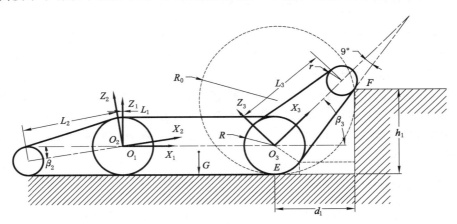

图 4-2 常规越障攀爬阶段履带机器人受力分析图

履带式移动平台越障时间和越障困难度随着履带前角增大而增加。当履带前角大于 $40°$ 时，视障碍物的不同，履带机器人会出现无法越障的情况[86]。对于较高台阶，当机器人满足约束条件 $h_1(\beta_3) \leqslant R_0(\beta_3)$ 时，其可较稳定地完成攀爬阶段[89]。

越障过程中 R_0 与 h_1 会随摆臂关节角 β_3 变化而变化。按照图 4-2 中所示履带机器人结构的几何关系，可建立如下函数关系式：

$$h_1(\beta_3) = \frac{L_3}{\cos 9°}\sin(\beta_3 + 9°) + R - R\cos(\beta_3 + 9°) \tag{4-1}$$

$$R_0^2 = (h_1 - R_0)^2 + d_1^2 \tag{4-2}$$

$$d_1 = R\sin(\beta_3 + 9°) + \frac{L_3}{\cos 9°}\cos(\beta_3 + 9°) \tag{4-3}$$

$$R_0(\beta_3) = \frac{h_1^2 + d_1^2}{2h_1} = \frac{\left[\dfrac{L_3}{\cos 9°}\sin(\beta_3 + 9°) + R - R\cos(\beta_3 + 9°)\right]^2}{2\left[\dfrac{L_3}{\cos 9°}\sin(\beta_3 + 9°) + R - R\cos(\beta_3 + 9°)\right]} +$$

$$\frac{\left[R\sin(\beta_3 + 9°) + \dfrac{L_3}{\cos \theta}\cos(\beta_3 + 9°)\right]^2}{2\left[\dfrac{L_3}{\cos 9°}\sin(\beta_3 + 9°) + R - R\cos(\beta_3 + 9°)\right]} \tag{4-4}$$

在越障初始状态时,履带机器人的最大越障高度和对应的前摆臂摆动角度可通过最优化方法求解。优化目标为 $h_1(\beta_3)$ 取得最大值,由此可建立优化数学模型如下:

$$\max h_1 = h_1(\beta_3) \tag{3-5}$$
$$\text{s. t. } g_1(\beta_3) = R_0(\beta_3) - h_1(\beta_3) \geqslant 0$$
$$g_2(\beta_3) = 90° - \beta_3 \geqslant 0$$
$$g_3(\beta_3) = \beta_3 \geqslant 0$$

运用 MATLAB 优化工具箱 Fmincon 函数的 SQP(序列二次规划)算法,求取履带机器人越障高度的最优解[89]。由求解结果可知,履带机器人前臂与地面的最优夹角为 40.322°,此时履带机器人可以较为稳定地翻越 223.867 mm 高的障碍。此时有 $R_0(\beta_3) - h_1(\beta_3) = 0$,即摆臂抬起高度 $h(\beta_3)$ 与前轮有效半径 $R_0(\beta_3)$ 函数曲线相交,如图 4-3 所示。

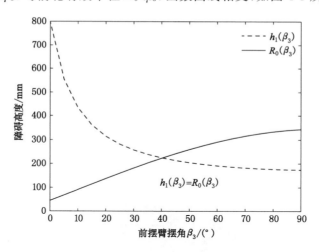

图 4-3　常规越障攀爬阶段履带机器人越障高度仿真曲线

（2）跨越阶段最大越障高度计算

Rajabi 等[37] 提出了一种推导履带机器人所能攀爬最大高度的理论方法。该方法认为履带式机器人质心到达主履带与障碍物触点上方时可以越过障碍物。将此方法用于推导所设计履带机器人常规越障跨越阶段的最大越障高度。如图 4-4 所示,此时质心位于接触点正上方,履带机器人达到临界稳定状态。

依据图 4-4 所示的履带机器人结构与越障高度 h_2 的几何约束,可建立如下函数关系式:

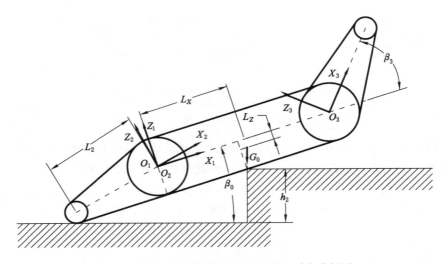

图 4-4　常规越障跨越阶段履带机器人受力分析图

$$h_2(\beta_0) = \sin \beta_0 \left\{ L_2 \times \cos \left[\arcsin \left(\frac{R-r}{L_2} \right) \right] + L_X - (R + L_Z) \tan \beta_0 \right\} + r(1 - \sin \beta_0)$$

$$(4-6)$$

其中：

$$L_X = \frac{m_1 L_{X_1} + m_2 L_{X_2} \cos \beta_2 + m_3 (L_{X_3} \cos \beta_3 + L_1)}{m_1 + m_2 + m_3} \qquad (4-7)$$

$$L_Z = \frac{m_1 L_{Z_1} - m_2 L_{X_2} \sin \beta_2 - m_3 L_{X_3} \sin \beta_3}{m_1 + m_2 + m_3} \qquad (4-8)$$

L_X 为履带机器人总质心到机身坐标系 X 轴上的坐标；L_Z 为履带机器人总质心在机身坐标系 Z 轴上的坐标。

该状态下履带机器人越障高度 h_2 与机身倾角 β_0、前摇臂摆角 β_3 的关系，如图 4-5 所示。

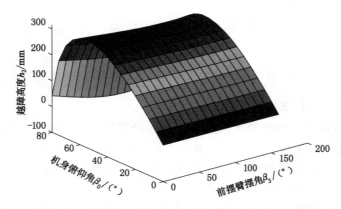

图 4-5　常规越障履带机器人跨越阶段几何约束分析

由图 4-5 可知，履带机器人越障高度 h_2 先随机身俯仰角 β_0 增大而增大，后随着 β_0 继续增大而急剧减小;前摆臂摆角 β_3 对履带机器人越障高度 h_2 的影响相对较小。

取 $\beta_3 = 40°$,使用最优化方法求解履带机器人越障高度 h_2 的最大值,由求解结果可知当前摆臂摆动角度为 40°时在几何约束下,履带机器人跨越阶段最大越障高度为 315.7 mm。

4.1.1.2　打滑约束

分析履带机器人常规越障的打滑约束,从而研究越障过程中履带与地面之间的摩擦力对履带机器人越障性能的影响。同样将履带机器人越障过程分为攀爬和跨越两个阶段分别研究[91]。履带机器人在翻越障碍过程中,除了其自身的重力、以及其与地面和障碍物接触的相互作用力外,还受到来自驱动轮与履带之间的摩擦力、地面沉陷以及履带变形等因素的影响。这些因素对履带机器人造成的影响很难计算。因此,为了方便分析,进一步提出如下假设[7-91]:

① 不考虑驱动轮、引导轮、支重轮与履带之间的摩擦力;

② 在履带机器人越障过程中,忽略其履带花纹的影响。

在牛顿力学理论基础上,从滑移稳定性的角度进一步分析履带机器人平地越障性能。

(1) 攀爬阶段打滑约束分析

如图 4-6 所示,在攀爬阶段,履带机器人与障碍物有 A 和 B 两个接触点,在研究最大越障高度时由于各接触点的摩擦力与滑动条件密切相关,假设机器人的运动是准静态的忽略加速度的影响[37]。

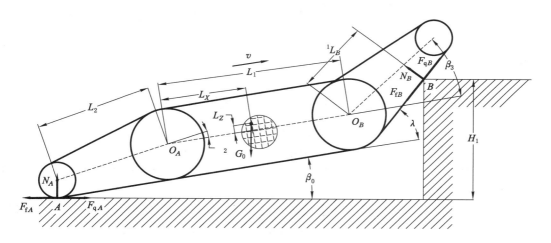

图 4-6　常规越障履带机器人攀爬阶段受力分析图

在进行常规越障履带机器人动力学分析时考虑了一种打滑条件。当履带机器人向前移动时,接触点 B 的摩擦力达到最大静摩擦力。但是,由于履带机器人有接触点 A 支撑,所以还没有出现滑落现象。当履带机器人继续向前移动时,接触点 A 和 B 的摩擦力都达到最大静摩擦力,此时无法保持平衡,履带机器人开始打滑。取 B 点滑动摩擦系数 μ_B 为 0.85。

对于打滑约束,在匀速情况下履带机器人攀爬阶段能否完成,只取决于其所受的力和力矩是否能保持平衡。根据图 4-6,建立履带机器人攀爬阶段动力学模型如下:

$$\begin{cases} N_A + N_A\cos(\lambda+\beta_0) + F_{qB}\sin(\lambda+\beta_0) - G_0 - F_{fB}\sin(\lambda+\beta_0) = 0 \\ F_{qA} + F_{qB}\cos(\lambda+\beta_0) - F_{fA} - F_{fB}\cos(\lambda+\beta_0) - N_B\sin(\lambda+\beta_0) = 0 \\ N_A[L_1 + L_2\cos(\lambda-\beta_3)]\cos\beta_0 + F_{fB}R + F_{fA}[r + L_2\sin(\beta_0+\lambda-\beta_3) + L_1\sin\beta_0] - F_{qB}R - \\ G_0[(L_1-L_X) + L_Z\tan\beta_0]\cos\beta_0 - F_{qA}[r + L_2\sin(\beta_0+\lambda-\beta_3) + L_1\sin\beta_0] - N_B{}^1L_B = 0 \end{cases}$$

$$\tag{4-9}$$

其中，${}^1L_B$ 为攀爬阶段 B 点对履带机器人支撑力力臂的长度，单位 mm。

$$^1L_B = \frac{H_1 - \left[r\tan\dfrac{\beta_0}{2} + L_2 + L_1 + R\tan\dfrac{\lambda}{2}\right]\sin\beta_0}{\sin(\lambda+\beta_0)} - R\tan\frac{\lambda}{2} \tag{4-10}$$

由式(4-10)可得到式(4-11)

$$H_1 = \left(^1L_B + R\tan\frac{\lambda}{2}\right)\sin(\lambda+\beta_0) + \left(r\tan\frac{\beta_0}{2} + L_2 + L_1 + R\tan\frac{\lambda}{2}\right)\sin\beta_0 \tag{4-11}$$

由式(4-9)和式(4-11)可得到式(4-12)：

$$^1L_B = \frac{N_B[L_1 + L_2\cos(\lambda-\beta_3)]\cos\beta_0 + N_A(f-\mu_A)[r + L_2\sin(\beta_0+\lambda-\beta_3) + L_1\sin\beta_0]}{N_B} -$$

$$\frac{G_0[(L_1-L_X) + L_Z\tan\beta_0]\cos\beta_0 + (\mu_B - f)N_BR}{N_B} \tag{4-12}$$

忽略较小的滚动阻力，则由式(4-9)可得：

$$N_B = \frac{G_0 \cdot C}{D \cdot E - \mu_B \cdot R - \mu_A \cdot D \cdot F - ^1L_B} \tag{4-13}$$

$$N_A = N_B \cdot D = \frac{G_0 \cdot C}{D \cdot E - \mu_B \cdot R - \mu_A \cdot D \cdot F - ^1L_B} \cdot D \tag{4-14}$$

其中，

$$C = [L_1 + L_2\cos(\lambda-\beta_3)]\cos\beta_0$$
$$D = \frac{\sin(\lambda+\beta_0) - \mu_B\sin(\lambda+\beta_0)}{\mu_A}$$
$$E = [(L_1-L_X) + L_Z\tan\beta_0]\cos\beta_0$$
$$F = r + L_2\sin(\beta_0+\lambda-\beta_3) + L_1\sin\beta_0$$

将式(4-12)、式(4-13)和式(4-14)带入式(4-11)可得到 β_0、μ_A 和 H_1 之间的变化关系，如图 4-7 所示。

由图 4-7 可知，在攀爬阶段当 A 点的最大静摩擦系数较小时，履带机器人的最小越障高度随着机身俯仰角增大而增大明显。取履带机器人常规越障最大高度为 250 mm，可得完成攀爬阶段所需的最大机身俯仰角约为 20°，则 A 点所需提供的最大静摩擦系数应不小于 0.4。进一步分析可得知，对于履带机器人攀爬阶段，履带机器人的打滑风险随着爬升高度提升而增大，此结论在样机试验中得到了验证。

(2) 打滑约束分析

如图 4-8 所示，跨越阶段履带机器人与障碍物的接触点用 A 和 B 表示。

在匀速爬升的情况下，以 A 点为矩心，建立力平衡方程如下：

$$\begin{cases} N_A + N_B\cos\beta_0 + F_{qB}\sin\beta_0 - G_0 - F_{fB}\sin\beta_0 = 0 \\ F_{qA} + F_{qB}\cos\beta_0 - F_{fA} - F_{fB}\cos\beta_0 - N_B\sin\beta_0 = 0 \\ G_0[(L_X - L_Z\tan\beta_0)\cos\beta_0 + L_2\cos(\beta_0+\lambda-\beta_3)] - ^2L_BN_B - r(1-\cos\beta_0)F_{qB} = 0 \end{cases}$$

$$\tag{4-15}$$

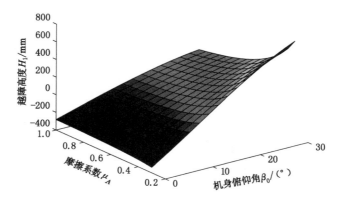

图 4-7　常规越障履带机器人攀爬阶段打滑约束分析

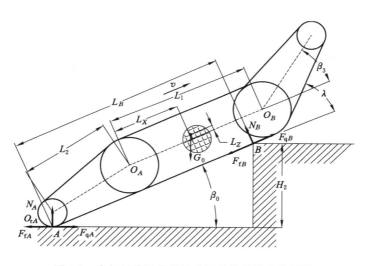

图 4-8　常规越障履带机器人跨越阶段受力分析图

其中，^2L_B 为跨越阶段支撑力 N_B 的力臂，是 A 点到履带机器人支撑力 N_B 的长度，单位 mm。

$$^2L_B = \frac{H_2}{\sin \beta_0} - r\tan(\frac{\beta_0}{2}) + r\sin \beta_0 \tag{4-16}$$

略去较小的滚动阻力，由式（4-15）可得：

$$^2L_B = \frac{G_0\left[(L_X - L_Z\tan \beta_0)\cos \beta_0 + L_2\cos(\beta_0 + \lambda - \beta_3)\right] - r(1 - \cos \beta_0)N_B\mu_B}{N_B} \tag{4-17}$$

式中，

$$N_B = \frac{G_0}{\left(\dfrac{\mu_B\cos \beta_0 - \sin \beta_0}{\mu_A}\right) + (\cos \beta_0 + \mu_B\sin \beta_0)}$$

由式（4-16）可得：

$$H_2 = \left[{}^2L_B + r\tan\left(\frac{\beta_0}{2}\right) - r\sin\beta_0 \right]\sin\beta_0 \tag{4-18}$$

取 $\mu_B = 0.7$，则将式（4-17）带入式（4-18）可以得到跨越阶段履带机器人越障高度 H_2 与机身俯仰角 β_0 与 A 点最大静摩擦系数 μ_A 之间的关系，如图 4-9 所示。

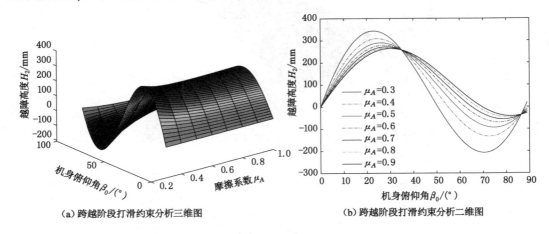

（a）跨越阶段打滑约束分析三维图 　　　　（b）跨越阶段打滑约束分析二维图

图 4-9　常规越障履带机器人跨越阶段打滑约束分析

由图 4-9（b）可知，随着最大静摩擦系数增加，H_2 达到最大值所需的机身俯仰角略有降低，在 20°～40°之间波动；履带机器人越障高度随着摩擦系数增大而减小，随着本身俯仰角增大而先增大后减小，即在机身俯仰角不变时，障碍物高度增加则保持力平衡所需的最大静摩擦系数减小。

进一步分析可知，图 4-9（a）所示曲面决定的是履带机器人越障高度的下界。在同一机身俯仰角下，障碍物高度越高，则履带机器人滑落的风险越低，并且在相同障碍高度和摩擦系数下，机身俯仰角越高，则履带机器人滑落风险越大。

当履带机器人即将达到越障临界状态时，由力矩平衡原理可知，A 点处地面所能提供给机器人的支持力已经很小，为简化计算故忽略 A 点处的受力。此阶段履带机器人越障主要依靠与障碍物的接触点 B 处产生的力（如图 4-10 所示），能否顺利完成此阶段对履带机器人能否成功越障最为关键[91]。

当履带机器人与地面脱离接触时，假设还存在一定速度，在不考虑台阶边界和履带间摩擦力的情况下，那么履带机器人还会爬升一定的高度。此高度可通过动能定理求出：

$$\Delta h = \frac{v_{z_0}^2}{2g} \tag{4-19}$$

设履带机器人越障过程中的速度为 0.3 m/s，则在考虑速度影响的条件下可攀升高度 $\Delta h < 4.6$ mm。由于该值较小，因此忽略履带机器人速度的影响。

要顺利完成跨越阶段，应保证履带机器人不发生打滑，则由图 4-10 可知履带机器人越过障碍的条件可表示为：

$$G_0 \sin\beta_0 \leqslant N_B(\tan\theta - f) \tag{4-20}$$

式中，θ 为摩擦角[48]，取 $\theta = 35°$。

若要保证履带机器人不打滑，则需要 $\beta_0 \leqslant 33.67°$。在基于几何约束条件下越障数学模

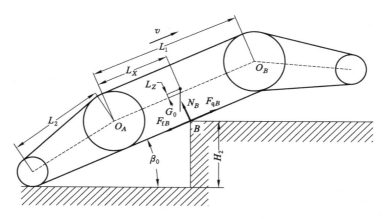

图 4-10　常规越障履带机器人临界状态受力分析图

型分析结果的基础上进一步增加打滑约束,如图 4-11 所示。

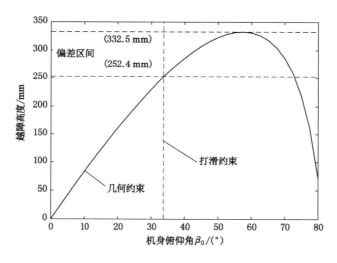

图 4-11　跨越阶段履带机器人常规越障性能综合分析

　　对比几何约束与打滑约束分析结果可知,履带机器人常规越障在攀爬阶段所能达到的高度约为 224 mm;由图 4-11 可知,履带机器人在跨越阶段最大越障高度应大于 252.4 mm,故履带机器人能否顺利完成常规越障主要取决于其能否顺利完成攀爬阶段。选取合适的前摆臂摆动角度和前摆臂长度,可有效提升-常规越障履带机器人最大越障高度。

　　根据民用建筑设计统一标准以及商店建筑设计规范,公共建筑室内外台阶踏步宽度不宜小于 0.3 m,踏步高度不宜大于 0.15 m 且不宜小于 0.1 m;专用疏散楼梯,踏步最小宽度 0.26 m,踏步最大高度 0.17 m。矿场环境台阶型障碍高度的实地测量结果,在设计时保证履带机器人常规越障高度为 0.22 m,可以满足在城市和矿场环境中履带机器人越过绝大多数台阶型障碍的越障要求。

4.1.2 极限越障

当台阶高度大于有效车轮圆半径 R_0 时,履带机器人的越障过程称为极限越障。此时履带机器人需要通过前后摆臂摆动的配合,在越障前期撑起机身使前摆臂可以搭在障碍上,从而完成履带机器人的攀爬阶段,如图 4-12 所示。

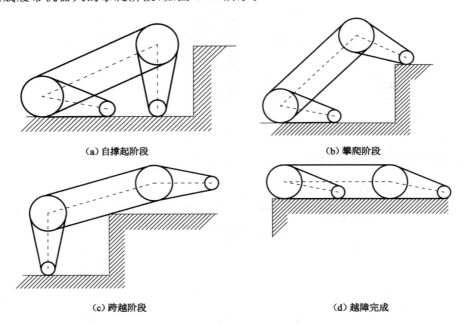

      （a）自撑起阶段   （b）攀爬阶段

      （c）跨越阶段   （d）越障完成

图 4-12　履带机器人极限越障过程

越障过程分为自撑起、攀爬和跨越三个阶段。由图 4-12(a)～(b)可知,履带机器人完成前两个阶段需要满足的条件为:

① 后摇臂可以支撑起机器人主体;

② 前摆臂可以搭在台阶上。

4.1.2.1 几何约束

基于质心投影法,在上述条件①和②的基础上进行运动学分析,从而为履带机器人结构设计和越障控制提供理论指导。

（1）自撑起阶段

引入质心投影法分析后摆臂支撑阶段稳定性。当履带机器人本体与地面接触时,所接触部分各端点的连线可构成一个多边形,以履带机器人质心为起点做垂线;当垂线穿过此多边形时,履带机器人处于稳定状态,当履带机器人质心落于多边形外时,履带机器人发生倾翻[6]。

履带机器人与地面所构成多边形在二维平面内可由线段 L_0 表示,当履带机器人质心垂线与 L_0 相交时机器人处于稳定状态。

由图 4-13 可知,此状态履带机器人总质心在地面坐标系中的位置取决于前摆臂长度以及机身长度。依据图 4-13 中所示几何关系,得到如下关系式:

$$\beta_0 = \arcsin\left(\frac{L_3 + r - R}{L_1}\right) \tag{4-21}$$

$$\beta_3 = 180° - \arccos\left(\frac{L_3 + r - R}{L_1}\right) \tag{4-22}$$

$$\beta_2 = 180° + \arcsin\left(\frac{R - r}{L_2}\right) + \arcsin\left(\frac{L_3 + r - R}{L_1}\right) \tag{4-23}$$

$$L_{X_0} = \frac{m_1 L_{X_1} + m_2 L_{X_2}\cos\beta_2 + m_3(L_{X_3}\cos\beta_3 + L_1)}{m_1 + m_2 + m_3}\cos\beta_0 +$$

$$\frac{m_1 L_{Z_1} - m_2 L_{X_2}\sin\beta_2 - m_3 L_{X_3}\sin\beta_3}{m_1 + m_2 + m_3}\sin\beta_0 \tag{4-24}$$

$$L_2 = \sqrt{L_0^2 + (R - r)^2} \tag{4-25}$$

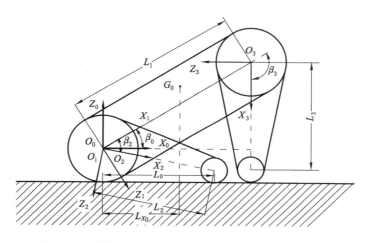

图 4-13　履带机器人极限越障自撑起阶段动力学分析图

在图 4-13 所示状态下,履带机器人总质心在地面坐标系 X 轴上的坐标值 L_{X_0} 与车身长度 L_1 和前摇臂长度 L_3 的关系,如图 4-14 所示。

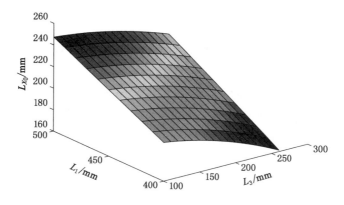

图 4-14　极限越障自撑起阶段机器人总质心位置

由图 4-14 可知,在后摆臂支撑临界状态时,履带机器人总质心在大地坐标系 X 轴上的

坐标值 L_{X_0} 随着机身长度增加而逐渐增加，随着前摆臂长度增加而逐渐减小且减小趋势逐渐明显。

当 $L_{X_0} = L_0$ 时，后摆臂在可实现自撑起的情况下取得最小值，由此可得如下公式：

$$L_0 = L_{X_0} = \sqrt{L_2^2 - (R-r)^2} = \frac{m_1 L_{X_1} + m_2 L_{X_2} \cos \beta_2 + m_3 (L_{X_3} \cos \beta_3 + L_1)}{m_1 + m_2 + m_3} \cos \beta_0 +$$

$$\frac{m_1 L_{Z_1} - m_2 L_{X_2} \sin \beta_2 - m_3 L_{X_3} \sin \beta_3}{m_1 + m_2 + m_3} \sin \beta_0 \tag{4-26}$$

由公式(4-26)可求得，在机身长度和前摆臂长度不变的情况下，履带机器人可以完成自撑起动作的最短后摆臂长度 $L_{2\min} = 214.63$ mm。

（2）攀爬阶段

为顺利完成越障，在攀爬阶段履带机器人的前摆臂需搭在台阶上，为此需要满足以下条件：

① 在越障的过程中需要留有一定的稳定裕度；

② 在留有一定稳定裕度的情况下，前摆臂可以搭住台阶的边沿。

若保证履带机器人在动态力作用下的越障稳定性，则要使机器人在越障过程中保持一定的稳定裕度。稳定裕度用履带机器人质心垂线与多边形构成的最小角度（稳定裕度角）来表示[6]。

由图 4-12 所示的越障过程可知，临界稳定状态最有可能在后摆臂撑起车体的过程中出现。由图 4-15 可得稳定裕度角 γ_3 为：

$$\tan \gamma_3 = L_{X_0} / (L_{Z_0} + R) \tag{4-27}$$

式中，L_{X_0} 和 L_{Z_0} 分别为履带机器人总质心在地面坐标系 X 轴和 Z 轴上的坐标值。将式(3-8)与式(4-27)联立求得：

$$\gamma_3 = \arctan \left[\frac{\frac{m_1 L_{X_1} + m_2 L_{X_2} \cos(\beta_2) + m_3 (L_{X_3} \cos(\beta_3) + L_1)}{m_1 + m_2 + m_3} \cos(\beta_0) + \frac{m_1 L_{Z_1} - m_2 L_{X_2} \sin(\beta_2) - m_3 L_{X_3} \sin(\beta_3)}{m_1 \sin(\beta_0)}}{\frac{m_1 L_{X_1} + m_2 L_{X_2} \cos(\beta_2) + m_3 (L_{X_3} \cos(\beta_3) + L_1)}{m_1 + m_2 + m_3} \sin(\beta_0) + \frac{m_1 L_{Z_1} - m_2 L_{X_2} \sin(\beta_2) - m_3 L_{X_3} \sin(\beta_3)}{m_1 + m_2 + m_3} \cos(\beta_0) + R} \right] \tag{4-28}$$

式中，c 为 cos 的缩写，s 为 sin 的缩写。

稳定裕度角与车身俯仰角和前摆臂摆角的关系，如图 4-16 所示。

设机身俯仰角 β_0 的变化区间为 5°到 90°前摆臂摆动角度区间为 -180°到 180°，由图 4-16 可知，稳定裕度角 γ_3 随机身俯仰角 β_0 的增大而减小，随前摆臂摆角的变化而呈现周期性变化，且随着机身俯仰角 β_0 的增大前摆臂摆动角度对稳定裕度角的影响逐渐增大。

在规划自主越障动作时，考虑到机器人在执行任务时会加装机械手或者传感器等装置，故规定越障时稳定裕度角保持大于 15°，以保证越障稳定性。

满足稳定裕度条件下，前摆臂所能搭上的台阶障碍最大高度 h_3 可由图 4-15 所示几何关系求得：

$$h_3(\beta_0, \beta_2, \beta_3) = R + L_1 \sin(\beta_0) + L_3 \sin(\beta_0 + \beta_3) - r \cos\left[\beta_0 + \beta_3 + \arcsin\left(\frac{R-r}{L_3}\right)\right] \tag{4-29}$$

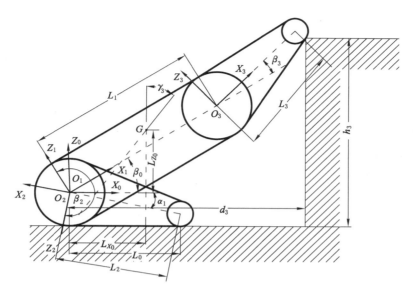

图 4-15　极限越障履带机器人攀爬阶段运动学分析图

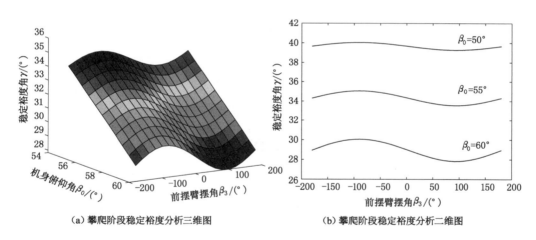

（a）攀爬阶段稳定裕度分析三维图　　　　（b）攀爬阶段稳定裕度分析二维图

图 4-16　极限越障攀爬阶段稳定裕度角变化图

$$d_3 = L_1 \cos \beta_0 + L_3 \cos(\beta_0 + \beta_3) - r \sin\left(\beta_0 + \beta_3 + \arcsin\left(\frac{R-r}{L_3}\right)\right) \tag{4-30}$$

$$L_0 = L_2 \cos\left[\arcsin\left(\frac{R-r}{L_2}\right)\right] \tag{4-31}$$

取 $L_0 = L_2 \cos \alpha_1 = 247$ mm，使用最优化方法求解在满足稳定裕度条件下的最大越障高度。建立优化数学模型如下：

$$\max h_3 = h_3(\beta_0, \beta_2, \beta_3) \tag{4-32}$$

$$\text{s. t.} \quad -180° \leqslant \beta_3 \leqslant 180°$$
$$0° \leqslant \beta_0 \leqslant 90°$$
$$\gamma_3 - 15° \geqslant 0°$$
$$d_3 - L_0 - r \geqslant 0°$$

使用 fmincon 函数求解上述模型。由求解结果可知,为满足稳定性要求需要使 $\beta_0 \leqslant 58.72°$ 且当 $\beta_0 = 58.72°$、$\beta_3 = 22.59°$ 时,前摆臂可搭上的障碍高度取得最大值为 697.36 mm。

(3)跨越阶段

机器人完成此阶段越障,需要使机器人总质心越过障碍物的外边缘,如图 4-17 所示。

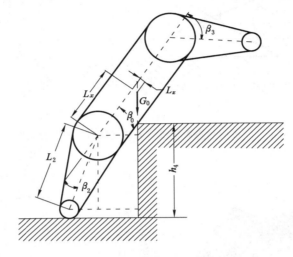

图 4-17　极限越障跨越阶段分析图

由图 4-17 可推得此阶段的最大越障高度的求解公式如下:

$$h_4(\beta_0, \beta_2, \beta_3) = r + L_2\cos(90 - \beta_0 - \beta_2) + L_X\sin\beta_0 - \frac{R + L_z}{\cos\beta_0} + L_z\cos\beta_0 \quad (4-33)$$

使用 fmincon 函数求解式(4-33)所得结果为:$\beta_0 = 52.584°$、$\beta_2 = 40.2°$、$\beta_3 = 52.85°$、$h_4 = 368$ mm。

对于跨越阶段,机身俯仰、关节摆动、机身长度和摆臂长度均会影响最终越障高度(图4-18)。

由图 4-18(a)可知,跨越阶段的最大越障高度随俯仰角和后摆臂摆角的增大而先增大后减小。当 $\beta_0 = 50°$、$\beta_2 = 45°$ 时,取得最大越障为 344.4 mm。

由图 4-18(b)可知,L_2 对跨越阶段越障高度的影响要大于 L_1。对比两个越障阶段的最大越障高度可知,在几何约束下履带机器人能否越障成功主要取决于跨越阶段,且极限越障动作可跨越的最大高度为 349.65 mm。

4.1.2.2　打滑约束

在分析履带机器人极限越障打滑约束时,主要分析最易发生打滑的跨越阶段[91]。为了方便分析机器人的越障过程,进一步提出以下假设[91]:

1)不考虑驱动轮、引导轮、支重轮与履带之间的摩擦力;

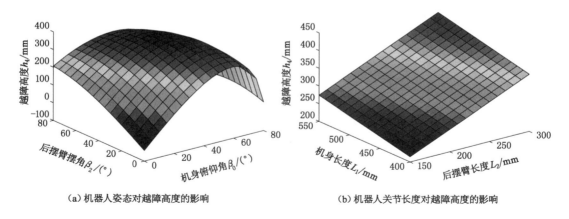

（a）机器人姿态对越障高度的影响　　　　　（b）机器人关节长度对越障高度的影响

图 4-18　极限越障跨越阶段几何约束分析

2）机器人越障过程中，忽略机器人履带花纹的影响。

对于较高的障碍物需借助后摆臂辅助越障，如图 4-19 所示，此阶段要使机器人不打滑，则应保证 $G_0 \sin(\beta_0) \leqslant N_B [\tan(\theta) - f]$。

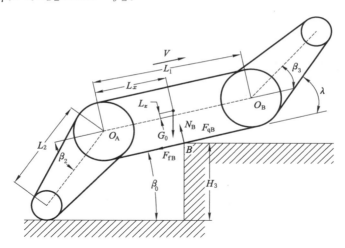

图 4-19　极限越障跨越阶段最大高度分析图

则其最大越障高度可近似通过以下公式求得：

$$H_3 = \left[\frac{L_1}{2} - (R + L_Z) \tan \beta_0 \right] \sin \beta_0 + L_2 \cos \left[\arctan \left(\frac{R-r}{L_2} \right) \right] \sin(\beta_0 + \beta_2) -$$
$$2R \sin \left\{ \left[\beta_2 - \arctan \left(\frac{R-r}{L_2} \right) \right] / 2 \right\} \sin \left\{ \left[\beta_2 - \arctan \left(\frac{R-r}{L_2} \right) \right] / 2 + \beta_0 \right\} +$$
$$\left[1 - \cos(\beta_0 + \beta_2) \right] r$$

$$(4-34)$$

取 $\beta_0 = \arctan(\tan \theta - f)$ 其中 $\theta = 35°$，根据式（4-34）可得在打滑约束下跨越阶段越障高度的变化曲线，如图 4-20 所示。

由图 4-20 可知，在打滑约束下极限越障最大高度为 344.1 mm，与几何约束下的最大越障高度 368 mm 相比下降了 23.9 mm。对比图 4-11 可知，在有后摆臂辅助的情况下，履带

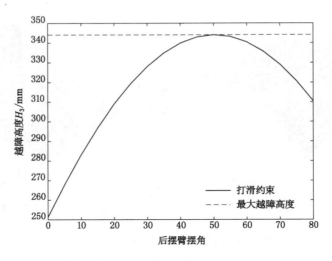

图 4-20 极限越障跨越阶段打滑约束分析

与地面间的摩擦力对机器人最大越障高度的影响相对较小,进一步可以看出摆臂履带机器人相较于常规双履带机器人在低摩擦路况下(潮湿路面、雪地以及瓷砖地等)具有更好的通过性能。

4.2 机器人坡地越障通过性分析

在履带机器人越障性能方面国内外学者做了大量研究[31],然而现有对履带机器人越障性能的研究多以路面水平为前提,对于道路存在坡度的情况则极少涉及[37]。目前,履带机器人坡地通过性能的研究主要集中在农业机械领域,分析对象仅为常规双履带移动平台且较少考虑稳定性问题。潘冠廷等人[48]使用理论分析与 RecurDyn 仿真结合的方法分析了小型山地履带拖拉机爬坡越障性能。谷岛谅丞等人[37]使用理论分析结合实验验证的方法分析了一种双履带探测机器人在坡地攀爬固定和不固定两种障碍的能力。

坡地作为较常见且难以通过的路段之一,当机器人需要通过此处时,操作者很难凭经验判断前方道路能否通过。强行通过很可能会导致机器人倾翻,而倾翻后相关人员对其的回收将极为困难。故对履带机器人在坡地的通过性研究十分必要[92]。

履带机器人通过坡地时不可避免会遇到各种障碍物(如台阶、轨道、管道和陡坡等),其中难度系数最大的就是在坡地跨越垂直于路面的障碍物,故它可认为是最能直观表现履带机器人坡地通过性能好坏的指标[93]。

本节在前人理论的基础上针对机器人爬坡越障问题,研究并提出了一种分析和优化摆臂式履带机器人坡地越障能力和越障稳定性的方法。在分析时将坡地越障按障碍物高度的不同,分为坡地常规越障和坡地极限越障两种情况。

4.2.1 坡地常规越障

坡地常规越障过程如图 4-21 所示,将越障过程分为攀爬和跨越两个阶段,攀爬阶段如图 4-21(a)~(b)所示,跨越阶段如图 4-21(c)~(d)所示。

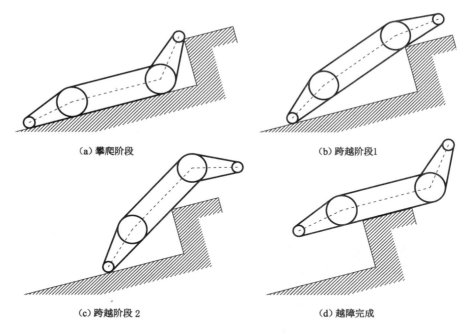

（a）攀爬阶段　　　　　　　　　　（b）跨越阶段1

（c）跨越阶段2　　　　　　　　　　（d）越障完成

图 4-21　履带机器人坡地常规越障过程图

4.2.1.1　几何约束

假定履带机器人在越障过程中不产生滑转，则认为当机器人质心越过障碍物时越障成功。如图 4-22 所示，此时质心位于机器人与台阶接触点的正上方处于临界稳定状态，越障成功的条件可以表示为[94]：

$$L_{5x0} = d_0 \tag{4-35}$$

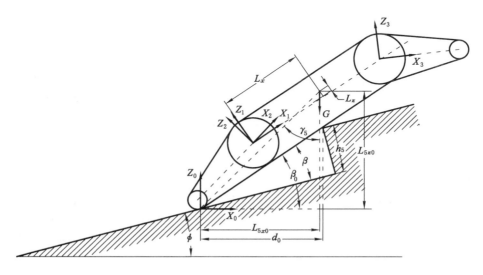

图 4-22　坡地常规越障分析图

如图 4-22 所示，L_{5x0} 为质心到后摇臂与斜坡面交点的水平距离，d_0 为主履带与台阶交点到后摇臂与斜坡面交点的水平距离。

$$L_{5x0} = L_2 \cos\left[\varphi + \beta + \arcsin\left(\frac{R-r}{L_3}\right)\right] + L_X \cos(\varphi+\beta) - L_Z \sin(\varphi+\beta) - r\sin\varphi$$

$$(4-36)$$

$$d_0 = \left[r\tan\left(\frac{\beta}{2}\right) + \frac{h_5}{\tan\beta} - h_5\tan\varphi\right]\cos\varphi \tag{4-37}$$

$$\beta = \beta_0 - \varphi \tag{4-38}$$

将式（4-36）、（4-37）和（4-38）带入式（4-35）得到式（4-39），由此可求出 φ、β 与 h_5 之间的变化关系，如图 4-23 所示。

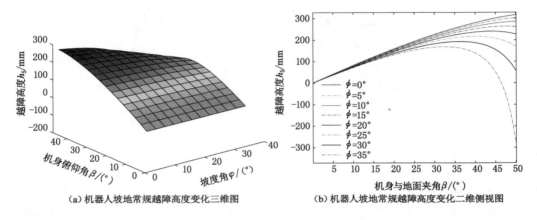

（a）机器人坡地常规越障高度变化三维图　　　（b）机器人坡地常规越障高度变化二维侧视图

图 4-23　机器人坡地常规越障几何约束分析

$$h_5(\varphi,\beta) = \left[\frac{1}{\dfrac{1}{\tan\beta} - \tan\varphi}\right]\frac{1}{\cos\varphi}\left\{L_2\cos\left[\varphi+\beta+\arcsin\left(\frac{R-r}{L_2}\right)\right] + L_X\cos(\varphi+\beta) + \right.$$
$$\left. L_Z\sin(\varphi+\beta) - r\sin\varphi - r\tan\left(\frac{\beta}{2}\right)\cos\varphi\right\} \tag{4-39}$$

由图 4-23 可知，机身与地面夹角 β 和坡度角 φ 都对越障高度 h_5 有较大影响。当履带机器人摆臂角度不变时，越障高度 h_5 随 β 的增大而增大，到达极限越障高度后机身俯仰角继续增大会导致倾翻。越障高度 h_5 随坡度角 φ 增大而剧烈减小，这说明履带机器人在进行斜坡越障时，越障高度不仅与自身结构参数有关而且受坡度角的影响，坡度角越大越障高度越低。

使用 fmincon 函数连续求解公式（4-39），得到履带机器人在不同坡度条件下的最大越障高度，如图 4-24 所示。

由图 4-24 可知，随着坡度角的增大，履带机器人跨越阶段的最大越障高度从坡度角为 $0°$ 时的 315.713 1 mm 逐渐减小到坡度角为 $35°$ 时的 157.679 3 mm。分析数据结果可知，履带机器人坡地常规越障高度随坡度角的增大而降低，且坡度角对机器人越障高度的影响较大。

4.2.1.2　倾翻稳定性约束

在机器人越障过程中，有几个特殊的时刻机器人会出现倾翻风险。如图 4-21 所示越障

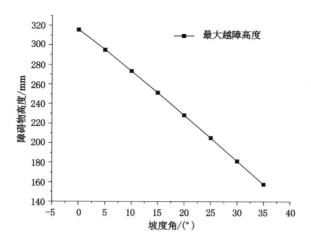

图 4-24 机器人坡地常规越障最大高度几何约束分析

过程中可发现,最危险时刻出现在机器人质心垂线与障碍物边沿接触时,下面将对此时刻进行稳定性分析。

由图 4-22 可知,稳定裕度角 γ_5 与 L_{5x0} 和 L_{5z0} 有关。

$$\tan \gamma_5 = L_{5x0}/L_{5z0} \tag{4-40}$$

其中:

$$L_{5z0} = r\cos \varphi + L_2 \sin(\beta + \beta_2 + \varphi) + L_X \sin(\beta + \varphi) + \frac{L_z}{\cos(\beta + \varphi)} \tag{4-41}$$

将式(4-41)和式(4-36)带入式(4-40)得到式(4-42)。

$$\gamma_5 = \arctan\left\{\frac{L_2 \cos\left[\varphi + \beta + \arcsin\left(\dfrac{R-r}{L_3}\right)\right] + L_X \cos(\varphi + \beta) + L_z \sin(\varphi + \beta) - r\sin \varphi}{r\cos \varphi + L_2 \sin\left[\beta + \varphi + \arcsin\left(\dfrac{R-r}{L_2}\right)\right] + L_X \sin(\beta + \varphi) + \dfrac{L_z}{\cos(\beta + \varphi)}}\right\} \tag{4-42}$$

在将式(4-7)、(4-8)带入式(4-42)可以得到稳定裕度角 γ_5 与 β 和 φ 之间的变化关系如图 4-25 所示。

由图 4-25 可知履带机器人的稳定裕度角随机身俯仰角与斜坡倾角的增加而逐渐减小,稳定裕度角越小履带机器人的稳定性越差,越容易受自身动作以及外界影响发生倾翻。

使用 fmincon 函数求取不同斜坡角度下履带机器人处于最大越障高度临界状态时的机身俯仰角,并进一步将所求值带入公式(4-42)求取稳定裕度。将求得的结果汇总后导入 origin,最终得到坡度角与稳定裕度角的关系,如图 4-26 所示。

由图 4-26 可知,随着坡度角的增大,到达最大越障高度临界状态时的稳定裕度角从坡度角为 0°时的 27.852 9°逐渐下降到坡度角为 35°时的 15.722 2°。由数据结果可知,履带机器人到达最大越障高度临界状态时的稳定性随坡度角的增大而变差,且坡度角对跨越阶段下机器人的稳定性有较大影响。

4.2.1.3 打滑约束

在运动学分析基础上进一步从动力学的角度分析坡地常规越障过程的滑移稳定性,从

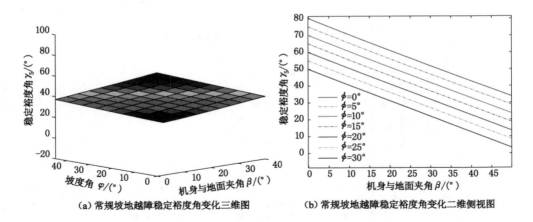

（a）常规坡地越障稳定裕度角变化三维图　　（b）常规坡地越障稳定裕度角变化二维侧视图

图 4-25　坡地常规越障稳定裕度角变化图

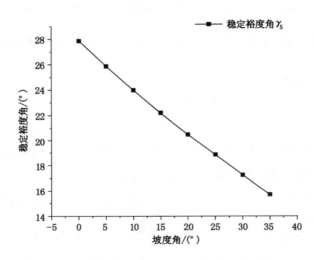

图 4-26　坡地常规越障临界状态下稳定裕度角分析

而更好地确定履带机器人的坡地越障性能。在分析坡地越障滑移稳定性时同样将其分为攀爬和跨越两个阶段分析。

（1）攀爬阶段滑移稳定性分析

根据图 4-27 建立坡地越障前摆臂支撑阶段动力学模型如下：

$$\begin{cases} N_A\cos\varphi + N_B\cos(\lambda+\beta+\varphi) + (F_{qB}-F_{fB})\sin(\lambda+\beta+\varphi) - G_0 = 0 \\ (F_{qA}-F_{fA})\cos\varphi + (F_{qB}-F_{fB})\cos(\lambda+\beta+\varphi) - N_B\sin(\lambda+\beta+\varphi) = 0 \\ N_A[L_1+L_2\cos(\lambda-\beta_3)]\cos\beta + F_{fB}R + F_{fA}[r+L_2\sin(\beta+\lambda-\beta_3)+L_1\sin\beta] - \\ F_{qB}R - G_0[(L_1-L_X)+L_Z\tan(\beta+\varphi)]\cos(\beta+\varphi) - F_{qA}[r+L_2\sin(\beta+\lambda-\beta_3)+ \\ L_1\sin\beta] - N_B{}^4L_B = 0 \end{cases}$$

$$(4\text{-}43)$$

其中：^4L_B 为坡地常规越障，前摆臂支撑阶段，B 点为履带机器人支撑力力臂的长度，单位 mm。

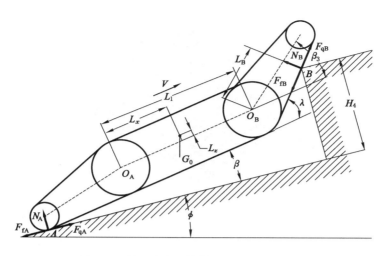

图 4-27　坡地常规越障攀爬阶段受力分析图

$$^4L_B = \frac{H_4 - \left(r\tan\dfrac{\beta}{2} + L_2 + L_1 + R\tan\dfrac{\lambda}{2}\right)\sin\beta}{\sin(\lambda + \beta)} - R\tan\frac{\lambda}{2} \tag{4-44}$$

由式(4-44)可得到式(4-45)。

$$H_4 = \left(^4L_B + R\tan\frac{\lambda}{2}\right)\sin(\lambda + \beta) + \left(r\tan\frac{\beta}{2} + L_2 + L_1 + R\tan\frac{\lambda}{2}\right)\sin\beta \tag{4-45}$$

由式(4-43)可得到式(4-46)。

$$^4L_B = \frac{N_A(L_1 + L_2\cos(\lambda - \beta_3))\cos\beta + N_A(f - \mu_A)(r + L_2\sin(\beta + \lambda - \beta_3) + L_1\sin\beta)}{N_B} -$$

$$\frac{G_0\left[(L_1 - L_X) + L_Z\tan\beta\right]\cos\beta + (\mu_B - f)N_B R}{N_B} \tag{4-46}$$

忽略较小的滚动阻力,则由式(4-43)可得:

$$N_B = \frac{G_0 \cdot C}{D \cdot E - \mu_B \cdot R - \mu_A \cdot D \cdot F - ^4L_B} \tag{4-47}$$

$$N_A = N_B \times D = \frac{G_0 \cdot C}{D \cdot E - \mu_B \cdot R - \mu_A \cdot D \cdot F - ^4L_B} \frac{\sin(\lambda + \beta + \varphi) - \mu_B\cos(\lambda + \beta + \varphi)}{\mu_A} \tag{4-48}$$

其中:

$$C = (L_1 + L_2\cos(\lambda - \beta_3))\cos\beta$$

$$D = \frac{\sin(\lambda + \beta + \varphi) - \mu_B\cos(\lambda + \beta + \varphi)}{\mu_A}$$

$$E = \left[(L_1 - L_X) + L_Z\tan\beta\right]\cos\beta$$

$$F = r + L_2\sin(\beta + \lambda - \beta_3) + L_1\sin\beta$$

联立式(4-45)、(4-46)、(4-47)和(4-48)可得到 β_0 和斜坡倾角之间的变化关系如图 4-28 所示。

(2)跨越阶段滑移稳定性分析

由图 4-29 可得到机器人成功攀越障碍的条件为:

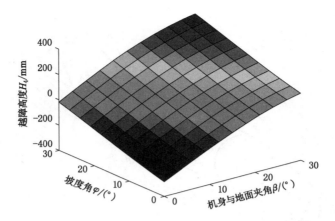

图 4-28　坡地常规越障攀爬阶段打滑约束分析图

$$0 < \beta < \arctan(\tan\theta + f) - \varphi \tag{4-49}$$

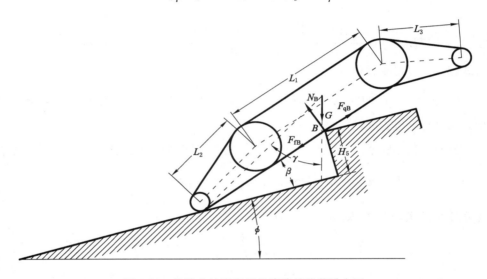

图 4-29　机器人坡地常规越障跨越阶段受力图

最大越障高度可以近似通过如下公式求出：

$$H_5(\beta,\varphi) = \sin\beta\left\{ L_2\cos\left[\arcsin\left(\frac{R-r}{L_2}\right)\right] + L_X - (R+L_Z)\tan(\beta+\varphi) \right\} + r(1-\cos\beta)$$

$$\tag{4-50}$$

由式(4-50)可得到在摩擦角 $\theta = 35°$ 时，跨越阶段越障高度与坡度角之间的变化关系，如图 4-30 所示。

由图 4-30 可知，履带机器人跨越阶段打滑约束对最大越障高度的影响随坡度角的增大而逐渐增加，且当坡度较接近 35°时机器人已经无法跨越任何高度的障碍物。

4.2.2　坡地极限越障

将坡地极限越障过程分为自撑起、攀爬和跨越三个阶段，自撑起阶段如图 4-31(a)～

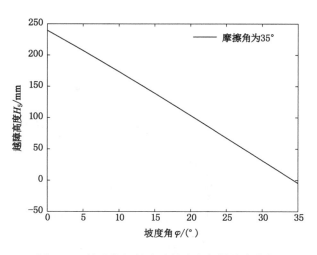

图 4-30　坡地常规越障跨越阶段打滑约束分析

（b）所示,攀爬阶段如图 4-31（c）～（d）所示,跨越阶段如图 4-31（d）～（e）所示。

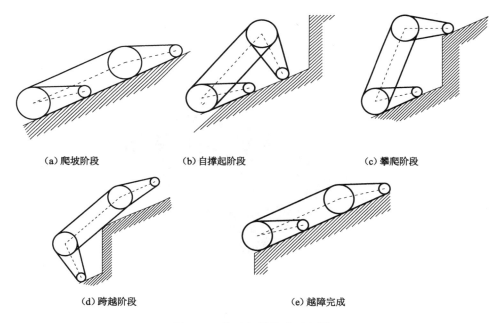

（a）爬坡阶段　　　　　　（b）自撑起阶段　　　　　　（c）攀爬阶段

（d）跨越阶段　　　　　　　　　（e）越障完成

图 4-31　坡地极限越障过程图

4.2.2.1　几何约束

在几何约束下,履带机器人极限越障的最大高度取决于跨越阶段,故在进行坡地越障分析时主要对越障性能影响最大的跨越阶段进行分析。假定履带机器人在越障过程中履带与障碍物间不产生滑移,则当机器人质心越过障碍物时越障成功。

如图 4-32 所示,此时机器人达到越障临界状态,由机器人与障碍物的几何关系可知,该状态下越障高度为:

$$h_6(\beta,\beta_2,\varphi) = r + L_2\sin(\beta+\beta_2) - R\cos\beta + [L_x - (R+L_z)\tan(\beta+\varphi)]\sin\beta$$

$$(4\text{-}51)$$

式中：$\beta = \beta_0 - \varphi$。

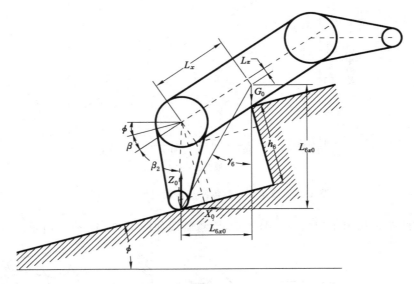

图 4-32　坡地极限越障跨越阶段高度分析图

设 $\varphi = 35°$ 由式（4-51）可求出 β、β_2 与 h_6 之间的变化关系，如图 4-33 所示。

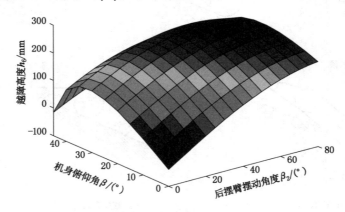

图 4-33　坡度为 35° 时坡地极限越障几何约束分析

由图 4-33 可知，履带机器人的越障高度随后摆臂摆动角度的增大而逐渐增大，但增大幅度逐渐减小；随机身与地面夹角的增大而先增大后减小。且当有后摇臂辅助时，即使坡度达到 35° 履带机器人仍可以越过较高的障碍物。

在 MATLAB 中调用 fmincon 函数，求得在坡度为 35° 时机器人的最大越障高度为 263.58 mm，此时 $\beta_0 = 24.75°$ 和 $\beta_2 = 64.67°$。

坡度角在 0°～35° 内每间隔 5° 取一次值，在 MATALB 中利用 fmincon 函数求解数学模型，最终所得最优解，如图 3-34 所示。

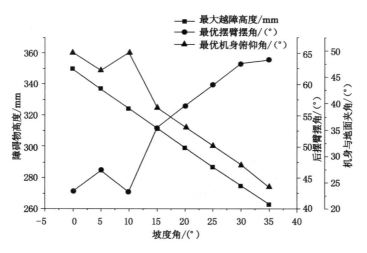

图 4-34　跨越阶段坡地极限越障最大高度分析图

由图 4-34 可知,在坡度角从 0° 逐渐上升到 35° 的过程中,履带机器人的最大越障高度从 349.65 mm 逐渐减至 263.58 mm,下降高度 86.07 mm。当坡度角大于 10° 时,由求解结果可知,要顺利完成越障需要增大后摆臂摆角、减小机身俯仰角,且在有后摆臂辅助的情况下坡度对跨越阶段最大越障高度的影响明显要小于常规越障。

4.2.2.2　倾翻稳定性约束

要使机器人成功跨越障碍,除了要求机器人质心越过障碍最高点,还要保证稳定性。为保证机器人在动态力作用下的越障稳定性就要保持一定的稳定裕度[6,95]。

分析斜坡面越障稳定性问题时,在质心投影法的基础上,引用稳定裕度角的概念对斜坡面越障临界状态的稳定裕度进行分析。

分析图 4-31 所示的越障过程可知,最危险时刻出现在机器人质心垂线与障碍物边沿接触时(图 4-32),故需分析此状态的稳定裕度。

由式(4-52)可知稳定裕度角 γ_6(如图 4-32)与 L_{6x0} 和 L_{6z0} 有关。

$$\tan \gamma_6 = L_{6x0}/L_{6z0} \tag{4-52}$$

$$L_{6x0} = L_2 \sin(90° - \beta_2 - \beta - \varphi) + R\sin(\beta + \varphi) +$$
$$[L_X - (R + L_Z)\sin(\beta + \varphi)]\cos(\beta + \varphi) - r\sin \varphi \tag{4-53}$$

$$\beta_0 = \beta + \varphi \tag{4-54}$$

$$L_{6z0} = r\cos \varphi + L_2 \sin(\beta + \beta_2) + L_X \sin \beta + \frac{L_Z}{\cos \beta} \tag{4-55}$$

在将式(4-53)、(4-54)、(4-55)带入式(4-52)可推得式(4-56),从而得到稳定裕度角 γ_6 与 β、φ 和 β_2 之间的变化关系,取坡度为 35°,得到稳定裕度角与机身俯仰角和后摆臂摆动角度的关系,如图 4-35 所示。

$$\gamma_6 = \arctan\left(\frac{L_{6x0}}{L_{6z0}}\right)$$

$$= \arctan\left\{\frac{L_2\sin(90° - \beta_2 - \beta - \varphi) + R\sin(\beta + \varphi) + [L_X - (R + L_Z)\sin(\beta + \varphi)]\cos(\beta + \varphi) - r\sin\varphi}{r\cos\varphi + L_2\sin(\beta + \beta_2) + L_X\sin\beta + \dfrac{L_Z}{\cos\beta}}\right\}$$

$$(4\text{-}56)$$

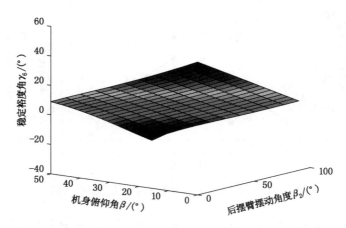

图 4-35　坡地极限越障稳定裕度分析

由图 4-35 可知,稳定裕度随 β_0 和 β_2 的增大而逐渐减小,且稳定裕度角会出现小于零的情况,此时机器人易发生失稳倾翻,应尽量避免。

使用 *fmincon* 函数求取不同斜坡角度下履带机器人处于最大越障高度临界状态时的机身俯仰角与后摆臂摆角,并进一步将其带入公式(4-56)求取稳定裕度。将求得的结果汇总后导入 *origin*,最终得到斜坡面倾斜角度与稳定裕度角的关系,如图 4-36 所示。

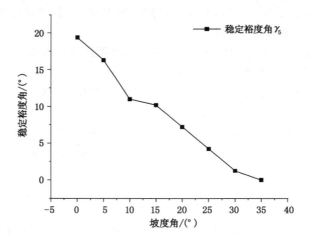

图 4-36　坡地极限越障临界状态下稳定裕度分析

由图 4-36 所示,当斜坡倾角大于 35°时所求取稳定裕度角会出现负值,说明机器人在此种条件下攀越障碍物易处于不稳定状态,如果规划越障动作时不考虑稳定裕度,则履带机器人在斜坡越障过程中会有发生倾翻的风险,故履带机器人在进行极限斜坡越障时,还需考虑越障时稳定裕度角小于零的情况[6]。

引入稳定裕度角的概念,在求解最大越障高度和最优摆动角度时,增加约束条件 $\gamma_6 \geqslant$ $15°$,建立优化数学模型如下:

$$\max h_6 = h(\beta_0, \beta_2) \tag{4-57}$$
$$\text{s. t. } 0° \leqslant \beta_2 \leqslant 90°$$
$$0° \leqslant \beta_0 \leqslant 90°$$
$$\gamma_6 - 15° \geqslant 0°$$

在 $MATLAB$ 中对模型使用 $fmincon$ 函数,求取有无倾翻稳定性约束两种情况,不同坡度角下的最大越障高度,并应用 $origin$ 直观展现不同情况下各变量间的变化关系,如图 4-37 所示。

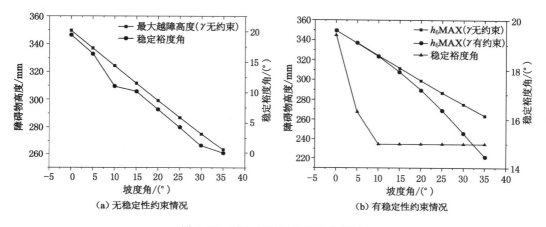

(a)无稳定性约束情况　　　　**(b)有稳定性约束情况**

图 4-37　坡地极限越障对比分析图

由图 4-37(a)可知,在坡度角为 $35°$ 时,机器人虽然有较大的跨越高度但是此时稳定裕度角小于零,其已处于不稳定状态。为改善稳定性,在优化模型中增加稳定性约束条件,由图 4-37(b)可知当坡度角大于 $10°$ 后,在稳定性约束的影响下,机器人跨越阶段的最大越障高度会随着坡度角的增大而有明显的下降,但仍有较强的越障能力。

4.2.2.3　打滑约束

在分析坡地极限越障滑移稳定性时,主要考虑跨越阶段,如图 4-38 所示。

由图 4-38 可知,机器人要想完成越障,也需要满足 $0 < \beta < arctan[tan(\theta) - \mathrm{f}] - \varphi$。其越障高度可以近似通过公式(4-58)求出:

$$H_6 = \left[\frac{L_1}{2} - (R + L_z)\tan(\beta + \varphi)\right]\sin\beta + L_2\cos\left[arctan\left(\frac{R-r}{L_2}\right)\right]\sin\left[\beta + \beta_2 - arctan\left(\frac{R-r}{L_2}\right)\right] + [1 - \cos(\beta + \beta_2)]r - 2R\sin\left\{\left[\beta_2 - arctan\left(\frac{R-r}{L_2}\right)\right]/2\right\}$$
$$\sin\left\{\left[\beta_2 - arctan\left(\frac{R-r}{L_2}\right)\right]/2 + \beta\right\} \tag{4-58}$$

由式(4-58)可得到临界状态下的极限越障高度与坡度角之间的变化关系如下。

由图 4-39 可知,对于坡地极限越障在摩擦系数不变的情况下,跨越阶段的越障高度会随坡度角的增加而下降,随后摆臂摆动角度的增加而先增大后下降。

对比图 4-30 和图 4-39 可知,在摩擦系数相同的情况下,有后摆臂辅助越障时打滑约束

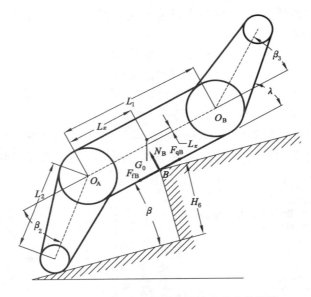

图 4-38　履带机器人坡地极限越障受力分析图

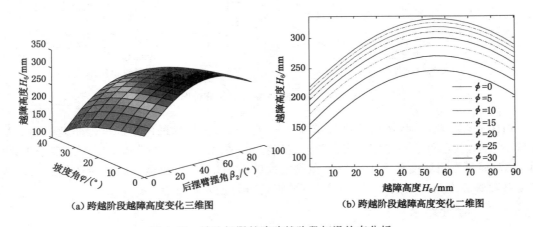

（a）跨越阶段越障高度变化三维图　　　（b）跨越阶段越障高度变化二维图

图 4-39　坡地极限越障跨越阶段打滑约束分析

对最终越障高度的影响明显要小,且在坡度角为 $30°$ 时仍可保持较大地越障高度。进一步可得到结论,添加后摆臂关节可减小地面摩擦系数和地面坡度对越障高度的影响,显著提升履带机器人在复杂路况下的通过性能。

4.3　履带机器人越障性能多目标优化

对于履带机器人在复杂环境下的通过性,第二章、第三章以及第四章分别从结构强度、受力、运动学和动力学等多个角度进行了分析,由分析可知:

（1）对于较低的障碍,可使用常规越障动作,由几何约束分析可知,对于攀爬阶段,机器人的越障性能主要由前摆臂的摆动角度和前摆臂长度决定,前摆臂越长摆动角度越小越障性能越好;对于跨越阶段,其越障性能主要由后摆臂与机身的总长度决定,总长度越长越障性能越好。对于较高的障碍,可使用极限越障动作,由几何约束分析可知,其越障性能主要由后摆臂和机身的长度决定,两者的长度越长越障性能越好。

(2)机器人前摆臂传动轴所承受扭矩主要受自身前摆臂长度和摆动角度的影响,在所承受冲力和最大静摩擦系数不变的情况下,履带机器人前摆臂传动轴所承受外力矩随着前摆臂长度的增加而增加,随履带机器人前摆臂摆动角度的增大而先降低后增大。

(3)前摆臂传动轴为机器人传动结构中最危险的部分,如果越障时摆臂承受过大的冲击有可能导致传动轴折断。

首先,提升履带机器人的极限越障能力,增加后摆臂的长度最为有利,但提升越障性能,则会导致机器人重量上升体积增大不利于其在复杂地形如矿井、废墟以及隧道等地区开展搜救工作。在总长度不变的情况下提升极限越障高度,这就意味着机身和前摆臂的长度需要相应减少,从而降低了机器人的常规越障能力。

其次,在机器人的行走过程中,常规越障动作所消耗的能量和时间远小于极限越障动作,故当机器人在工作环境中遇到需要跨越的障碍物时,尽量使用常规越障动作完成越障是合理的,但是极限越障动作所决定的是机器人的极限越障高度,其往往决定了机器人能否顺利到达指定区域,也十分重要。

再次,传动轴所承受的扭矩会随各关节长度的增大而增大,从而使传动轴有发生断裂的风险。

最后,由以上分析可知,在进行履带机器人越障性能优化时,不仅要考虑提升越障性能,同时也要尽量降低机器人越障过程的能量消耗以及提升传动结构的安全系数,故属于多目标优化问题。

4.3.1　多目标优化数学建模

在进行优化设计时,不仅要考虑提升越障性能的问题,还要考虑到机器人传动结构的承受能力。现将优化模型分为目标函数、设计变量和约束条件三部分介绍。

(1)目标函数:

履带机器人的优化目标共有三个,分别是极限越障高度最大 $f_1(x)$,常规越障高度最大 $f_2(x)$ 以及前摆臂传动轴所承受的外力矩最小 $f_3(x)$。

由 4.1 节可知,履带机器人常规越障最大高度的优化目标可表示为:

$$h_1(L_3,\beta_3) = \frac{h^2 + d^2}{2h} = \frac{\left[\dfrac{L_3}{\cos 9°}\sin(\beta_3 + 9°) + R - R\cos(\beta_3 + 9°)\right]^2}{2\left[\dfrac{L_3}{\cos 9°}\sin(\beta_3 + 9°) + R - R\cos(\beta_3 + 9°)\right]} +$$

$$\frac{\left[R\sin(\beta_3 + 9°) + \dfrac{L_3}{\cos 9°}\cos(\beta_3 + 9°)\right]^2}{2\left[\dfrac{L_3}{\cos 9°}\sin(\beta_3 + 9°) + R - R\cos(\beta_3 + 9°)\right]} \tag{4-59}$$

履带机器人的极限越障最大高度的优化目标可表示为:

$$h_4(\beta_0,\beta_2,\beta_3) = r + L_2\cos(90 - \beta_0 - \beta_2) + L_X\sin\beta_0 - \frac{R + L_z}{\cos(\beta_0)} + L_z\cos\beta_0 \tag{4-60}$$

由 3.3 节可知,履带机器人的常规越障前摆臂传动轴所承受的外力矩的优化目标可表示为:

$$M_w = N_B L_3 =$$

$$\frac{(F_{iz} + G_0)(L_1 - L_{X_0}) - F_{iX} L_{Z_0} - (F_{iz} + G_0)(L_1 + L_2\cos(\lambda - \beta_3) + fR - \mu R)}{(f\sin\lambda - \cos\lambda - \mu\sin\lambda)(L_1 + L_2\cos(\lambda - \beta_3) + fR - \mu R) + (fR - \mu R - L_3)} L_3$$

$$(4\text{-}61)$$

(2)设计变量:

机器人的优化变量包括:前摆臂摆角、前摆臂长度、机身俯仰角、机身长度、后摆臂摆角和后摆臂长度。旨在通过对机器人结构尺寸和极限越越障时各关节摆动角度的优化,来提高机器人在复杂地形下的通过能力。为满足工作环境限制、强度等,设计变量取值范围,如表 4-1 所示。

表 4-1 设计变量取值范围

设计变量	变量值的意义	原设计值	优化下限	优化上限
$X1$	机身俯仰角	52.6°	0°	90°
$X2$	后摆臂摆动角度	52.6°	0°	90°
$X3$	前摆臂摆动角度	40.2°	0°	90°
$X4$	前摆臂长度	250 mm	240 mm	260 mm
$X5$	机身长度	480 mm	470 mm	510 mm
$X6$	后摆臂长度	250 mm	240 mm	260 mm

(3)约束条件:

履带机器人的约束条件分为线性约束条件和非线性约束条件两种,其中线性约束条件为,履带机器人总长度不变,即:

$$L_1 + L_2 + L_3 = 980 \tag{4-62}$$

非线性条件有三个,即:

① 越障时的稳定裕度角大于 15°,其非线性不等式约束可写为:

$$15° \leqslant \gamma = \arctan\left(\frac{L_{X_0}}{L_{Z_0}}\right) \tag{4-63}$$

② 常规越障高度大于 200 mm,其非线性不等式约束可写为:

$$h_1(L_3, \beta_3) = \frac{h^2 + d^2}{2h} = \frac{\left[\frac{L_3}{\cos 9°}\sin(\beta_3 + 9°) + R - R\cos(\beta_3 + 9°)\right]^2}{2\left[\frac{L_3}{\cos 9°}\sin(\beta_3 + 9°) + R - R\cos(\beta_3 + 9°)\right]} +$$

$$\frac{\left[R\sin(\beta_3 + 9°) + \frac{L_3}{\cos 9°}\cos(\beta_3 + 9°)\right]^2}{2\left[\frac{L_3}{\cos 9°}\sin(\beta_3 + 9°) + R - R\cos(\beta_3 + 9°)\right]} \geqslant 200 \tag{4-64}$$

③ 履带机器人可以借助后摆臂实现自撑起动作,其非线性不等式约束可写为:

$$L_0 \geqslant L_{X_0} = \sqrt{L_2^2 - (R - r)^2} = \frac{m_1 L_{X_1} + m_2 L_{X_2}\cos\beta_2 + m_3(L_{X_3}\cos\beta_3 + L_1)}{m_1 + m_2 + m_3}\cos\beta_0 +$$

$$\frac{m_1 L_{Z_1} - m_2 L_{X_2} \sin \beta_2 - m_3 L_{X_3} \sin \beta_3}{m_1 + m_2 + m_3} \sin \beta_0] \tag{4-65}$$

其中：

$$L_0 = \sqrt{L_2^2 - (R-r)^2} \tag{4-66}$$

4.3.2　求取 pareto 解集

多目标优化算法包括遗传算法、粒子群算法等。一般来说，多目标优化问题并不存在最优解，所有可能的解都称为 pareto 解（非劣解）。传统优化算法一般一次只能得到 pareto 解集中的一个解，而智能优化算法可以得到更多的 pareto 解，这些解构成的解集称为 pareto 解集。与集合之外的解相比 pareto 解至少有一个目标函数比解集之外的解好。

NSGA-II 即基于快速非支配排序的多目标遗传算法，它具有迭代速度快、收敛性好、计算精度高等优点。本节的优化过程通过 MATLAB 编程实现，所采用的 NSGA-II 算法通过调用 amultiobj 函数完成解算。通过 NSGA-II 算法进行求解，设置最优个体系数 0.1、初始种群大小 300、最大进化代数 2000、停止代数 2000、适应度函数偏差 1e-100，计算得到 36 组 pareto 解，如图 4-40 所示。

计算得到 pareto 前沿如图 4-41 所示。

从 pareto 解集中选择传动轴受力最小作为首要优化目标进行归一化，可得到一组优化值，如表 4-2 所示。

表 4-2　设计变量优化前后对比表

设计变量	原值	优化值	圆整值
X1	52.6°	51.31°	51°
X2	40.2°	40.27°	40°
X3	52.6°	0°	0°
X4	250 mm	240 mm	240 mm
X5	480 mm	480 mm	480 mm
X6	250 mm	260 mm	260 mm

优化结果，如表 4-3 所示。

表 4-3　多目标优化前后机器人综合性能对比表

优化目标	优化前	优化后	变化
极限越障高度	349.65 mm	364.838 mm	+4.19%
常规越障高度	223.867 mm	218.145 mm	-2.62%
传动轴承受扭矩	26.49 N·m	25.041 N·m	-5.5%

由表 4-3 可知，在总长度不变的情况下，极限越障高度与优化前相比提升了 4.19%，前摆臂传动轴承受的扭矩减小了 5.5%，常规越障高度下降了 2.9%。

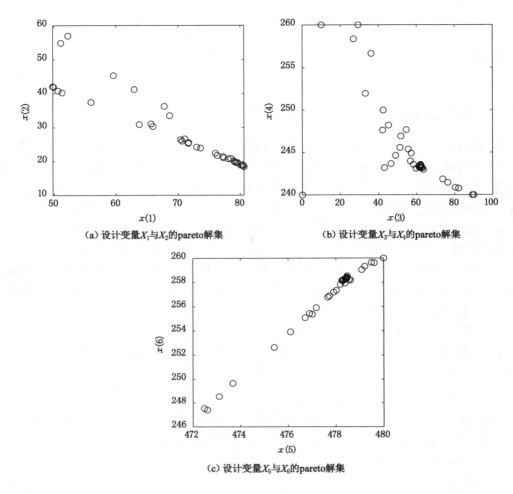

（a）设计变量X_1与X_2的pareto解集　　（b）设计变量X_3与X_4的pareto解集

（c）设计变量X_5与X_6的pareto解集

图 4-40　pareto 解集分布图

4.4　松软地面作用机理与通过性能优化

　　履带机器人的应用领域决定其不可避免会在松软地面行驶，故针对履带机器人与松软地面作用机理的研究十分必要[6]。

　　基于地面力学理论建立反映履带机器人松软地面行驶性能的动力学模型，可为履带机器人的设计和优化提供理论指导。对于履带机器人与地面的作用机理，以往学者做了很多研究[96-101]。

　　本小节基于牛顿-欧拉方程、达朗贝尔原理和贝克理论，在前人理论研究的基础上结合所设计履带机器人的结构特点，建立了考虑履带接地压力非线性分布和机器人质心位置变化的动力学模型，并进一步的分析机器人在松软地面下的行驶性能和优化方法。

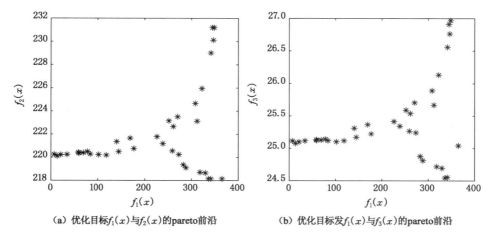

（a）优化目标$f_1(x)$与$f_2(x)$的pareto前沿　　　（b）优化目标发$f_1(x)$与$f_3(x)$的pareto前沿

图 4-41　pareto 前沿分布图

4.4.1　履带与地面作用机理分析

对于履带机器人牵引力和行驶阻力的估算常以履带接地压力均匀为前提[53]，但是平均接地压力不等于实际接地压力，尤其是在支重轮数目较少的情况下，最终结果与实际情况会产生较大的差距[96]。

在分析履带机器人接地压力分布时首先设机器人履带承受的重力为 W，且其接地压力在履带与地面的接触面上呈线性分布，则重心与接地压力的关系如图 4-42 所示：

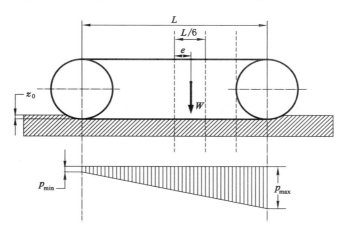

图 4-42　重心位置与接地压力关系图

当履带机器人纵向偏心距 e 在 $0\sim L/6$ 范围内变化时，接地压力分布呈梯形，如图 4-42 所示，此时：

$$p_{\max} = p_{\mathrm{cp}} + \frac{We}{W_y} = \frac{W}{2bL}\left(1 + \frac{6e}{L}\right) \tag{4-67}$$

$$p_{\min} = p_{\mathrm{cp}} - \frac{We}{W_y} = \frac{W}{2bL}\left(1 - \frac{6e}{L}\right) \tag{4-68}$$

式中：p_{cp} 为平均接地压力，单位 N；p_{max} 为最大接地压力，单位 N；p_{min} 为最小接地压力，单位 N；L 为履带的接地长度，单位 m；W 为履带对地面的法向压力，$W = mg$，单位 kN；W_y 为履带接地平面的截面系数，单位 $W_y = bL^2/6$；b 为履带宽度，单位 m。

履带机器人的接地压力分布受质心位置以及支重轮数目的影响，当履带机器人的支重轮较少时履带的接地压力应视为非线性分布[99]。由于本书所设计的履带机器人没有支重轮，且其前后两端摆臂履带与主履带同时接地，故应将其与地面之间的接触压力视为非线性分布。

此时的接地压力分布情况与支重轮数量、履带接地长度自身质量等因素有关，参照黄祖永公式[53]：

$$p(x) = \frac{W}{2bL}\left(1 + \cos\frac{2n_1\pi x}{L}\right) \tag{4-69}$$

进一步加入质心位置的影响，重新建立函数关系如下：

$$p(x) = f(x)\left(1 + C\cos\frac{2n_1\pi x}{L}\right) \tag{4-70}$$

式中：$f(x)$ 为履带接地压力呈线性分布时的分布函数；C 为振幅系数，其值与履带结构、土的种类以及履带张紧力等因素有关；n_1 为接地压力余弦函数周期数，即支重轮个数加 1；x 为履带上任意一点到接触面前端的距离，m。

$$C \approx \frac{l_2}{2l_1} = 0.41 \tag{4-71}$$

式中：l_1 为履带接地压力呈线性分布时 $f(x)$ 的最大值；l_2 为履带接地压力呈余弦函数分布时，波峰、波谷压力的最大差值。

$$f(x) = \frac{W}{2bL}\left(1 + \frac{12e}{L^2}x\right) \tag{4-72}$$

最终解得：

$$p(x) = \frac{W}{2bL}\left(1 + \frac{12e}{L^2}x\right)\left(1 + C\cos\frac{2n_1\pi x}{L}\right) \tag{4-73}$$

在得到接地压力非线性分布数学模型后即可进一步求取履带机器人的外部行驶阻力。

履带机器人压实土壤所产生的压力沉陷主要可以通过苏联学者比鲁利亚提出的压力沉陷公式（4-74）以及美国学者贝克提出的贝克公式（4-75）求得[100]。

$$p = Kz^n \tag{4-74}$$
$$p = z^n(k_c/b + k_\varphi) \tag{4-75}$$

式中：p 为作用在土体单位支撑面积上的载荷；K 为土的变形模量；n 为地面变形指数；z 为沉陷深度，单位 m；k_c 为地面的内聚变形模量；k_φ 为压力沉陷量关系参数。

相较于比鲁利亚公式，贝克公式的应用更为广泛且可用的土壤数据更多，故本节使用贝克公式作为求解履带机器人松软地面外部行驶阻力的基础。履带机器人的外部行驶阻力主要由压实土壤消耗的能量所致，故可用功能转换法求解[99]。履带的接地长度为 L 则压实土壤做功 P 为：

$$P = F_cL = \int_0^{Z_0} 2bLp\,dz \tag{4-76}$$

式中：Z_0 为压实土壤的深度，单位 m；F_c 为外部行驶阻力，单位 N。

由式(4-75)和式(4-76)可求得 F_c 为：

$$F_c = 2b \int_0^{z_0} p \mathrm{d}z = \frac{2bZ_0^{n+1}}{(n+1)\sqrt[n]{k_c/b + k_\varphi}} \left(\frac{W}{A}\right)^{\frac{n+1}{n}} \tag{4-77}$$

式中，A 为履带接地面积，$A = 2Lb$。

当接地压力为非线性时，如果履带车辆的所有轮子都承受相同大小的载荷则当第一个轮子沉陷深度 Z_0 后，其余车轮在同一车辙内滚动将不会明显的更深沉陷[99]。当履带机器人的重心向前的偏移时，最大接地比压必然出现在接地区域最前端。进一步地可认为此时履带机器人前端压实土壤产生的沉陷量即为机器人通过松软地面所能产生的最大沉陷量。

则由式(4-75)可得：

$$Z_0 = \left(\frac{p_{\max}}{k_c/b + k_\varphi}\right)^{1/n} \tag{4-78}$$

结合式(4-77)可得：

$$F_c = 2b \int_0^{Z_0} p_{\max} \mathrm{d}z = \frac{2b}{(n+1)\sqrt[n]{k_c/b + k_\varphi}} (p_{\max})^{\frac{n}{n+1}} \tag{4-79}$$

将式(4-70)带入式(4-79)，取 $x = L = L_1$、$n_1 = 1$ 最终可得：

$$F_c = 2b \int_0^{Z_0} p_{\max} \mathrm{d}z = \frac{2b}{(n+1)(k_c/b + k_\varphi)^{\frac{1}{n}}} \left[\frac{W}{2bL}\left(1 + \frac{12e}{L}\right)\left(1 + \frac{l_2}{2l_1}\cos 2\pi\right)\right]^{\frac{n+1}{n}} \tag{4-80}$$

本书所涉及履带机器人松软地面直行受力，如图 4-43 所示。

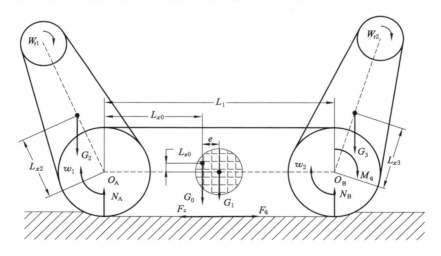

图 4-43　履带机器人松软地面行驶受力图

在忽略空气的阻力的情况下，根据达朗贝尔原理和牛顿-欧拉方程，合上文所求得松软地面行驶阻力，建立匀速运行时履带机器人动力学模型。

$$\begin{cases} F_q - 2b \int_0^{Z_0} p_{\max} \mathrm{d}z - F_f - a(m_2 + m_3 + m_1) = 0 \\ N_A + N_B - (m_2 + m_3 + m_1)g = 0 \\ M_q - F_q R - m_0 g L_{X_0} - N_B L_1 - J_1 \dot{w}_1 - J_2 \dot{w}_2 - J_{r1} \dot{w}_{r1} - J_2 \dot{w}_{r2} = 0 \end{cases} \tag{4-81}$$

取 $L=L_1$、$e=L_1/9$，$a=1$，则驱动力矩 M_q 为：

$$M_q = F_c R + F_f R + a(m_2 + m_3 + m_1)R + J_1\dot{w}_1 + J_2\dot{w}_2 + J_{r1}\dot{w}_{r1} + J_2\dot{w}_{r2} \qquad (4\text{-}82)$$

常见土壤的参数值，如表 4-4 所示。

表 4-4   常见土壤参数值组及含水量[99]

土壤种类	含水量/%	$k_c(\text{kN/m}^{n+1})$	$k_\varphi(\text{kN/m}^{n+2})$	n	c/kPa	$\varphi_j/(°)$
沙壤土	13	5	7	0.8	1	29
干砂	0	0.1	3.9	1.1	0.15	28
野草覆盖的未耕地	/	10.5	37.2	0.6	1.6	38
已耕地	/	1.6	1.3	0.8	1	20
覆盖有草皮的未耕地	/	15	64	0.95	4.6	28
黏性土	47	24	8	0.6	1.1	14

通过 MATLAB 仿真，可得到驱动力与自身质量和土壤属性之间的关系，如图 4-44 所示。

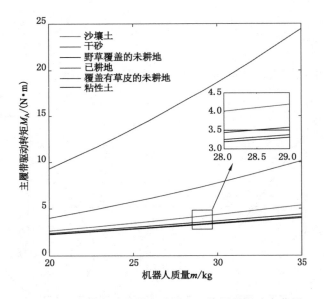

图 4-44   驱动力受机器人质量和土壤属性影响变化图

由图 4-44 可知，在履带机器人行驶在以上几种常见土壤上时其所需驱动转矩与机器人自身质量成正比，且根据土壤类型的不同履带机器人松软地面行驶驱动转矩之间的差值随质量的增加而不断增大。

根据地面力学理论，履带机器人的松软地面牵引力为：

$$F_q = 2b\int_0^l \tau d_x = 2(Ac + W\tan\varphi_j)\left[1 - \frac{K}{i_s l}(1 - e^{-i_s l/K})\right] \qquad (4\text{-}83)$$

式中，i_s 为滑转率，$i_s=0.3$[101]；k 为剪切变形参数值为 0.6[53]；c 为地面的表观内聚力；φ_j 为内剪切阻力角，单位°。

当履带完全打滑,即 $i_s = 1$ 时,$e^{-i_s l/K} \approx 0$,有 F_q 取得最大值 $F_q = F_{qMAX}$。

$$F_{qmax} = (Ac + W\tan\varphi_j)\left(1 - \frac{K}{L}\right) \approx Ac + W\tan\varphi_j \qquad (4\text{-}84)$$

当 $F_{qmax} > F_c$ 时履带机器人可以顺利通过松软地面。

4.4.2　履带机器人松软地面通过性能优化

要使机器人在松软地面的行驶性能得到提升,减小履带机器人在松软地面上的行驶阻力是一种很好的方法。

由公式(4-77)可知,履带机器人的行驶阻力与履带宽度、接地比压以及土壤性质有关,土壤性质无法改变,故减小履带机器人松软地面行驶阻力,应从优化履带宽度以及接地比压入手。

公式(4-80)可以改写为:

$$F_c = \frac{1}{(n+1)(2k_c + 2k_\varphi b)^{\frac{1}{n}}}\left[\frac{W}{L}\left(1 + \frac{12e}{L}\right)\left(1 + \frac{l_2}{2l_1}\cos 2\pi\right)\right]^{\frac{n+1}{n}}$$

因为 $\dfrac{l_2}{2l_1}$ 与 b 无关且 F_c 随 L 的增大而逐渐减小,所以由式(4-85)可知履带机器人在松

软地面行驶的外部行驶阻力与 L 和 b 的大小成反比,取 $e = 0$,建立匀速行驶时履带机器人驱动力矩与 L 和 b 之间的变化关系,如图 4-45 所示。

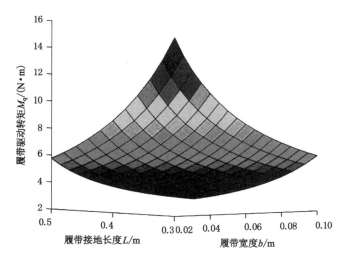

图 4-45　驱动转矩受履带宽度和接地长度影响变化图

取 $L = 0.5$ m、$b = 0.09$ m,建立匀速行驶时履带机器人驱动力矩与 e 和 m_0 之间的变化关系,如图 4-46 所示。

由图 4-46 可知,偏心距增大履带机器人松软地面的行驶阻力增大,且随着质量的增加这种增大的趋势逐渐加剧。

本节建立考虑了履带接地比压非线性分布以及质心偏移的机器人松软地面行驶动力学模型,通过对模型的分析可以得到以下结论:

(1) 对于支重轮较少的履带机器人,偏心距会极大增加其在松软地面的行驶阻力,尽量

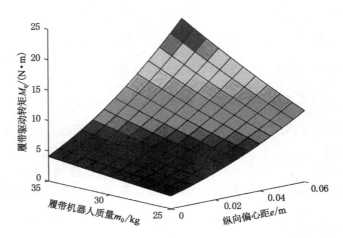

图 4-46　驱动转矩受机器人质量和纵向偏心距影响变化图

保持履带机器人的重心在其几何中心处可以很好地增强松软地面通过性能,并延长工作距离。

（2）在机器人总质量不明显增加的情况下,增大履带与松软地面的接触面积可以很好地减小其外部行驶阻力。

第 5 章　履带机器人虚拟仿真及样机实验

5.1　履带机器人虚拟建模

5.1.1　RecurDyn 软件介绍

RecurDyn 是一个跨学科多领域的计算机辅助工程(CAE)软件仿真平台,是世界知名的"唯一"只专注于多体动力学(MBD,Multi-Body Dynamics)仿真领域 20 多年的大型工业软件产品[103]。

RecurDyn 采用相对坐标系运动方程理论和完全递归算法,非常适合于求解大规模的多体系统动力学问题。它提供了一个快速高效的求解器以及直观的界面和多样的数据库。针对大型模型的计算、滑动和碰撞接触、运动中的柔性体、控制-机构集成及系统的设计与优化,RecurDyn 软件具有自己独到的运算方法,此外 RecurDyn 还支持与各种 CAE 软件的协同仿真(Co-simulation)[103]。

在本研究中,包括了对履带机器人在松软地面行驶受力的计算,故对滑动与碰撞接触计算十分重要。在滑动和碰撞接触中,RecurDyn 提供了快速的解析解接触算法、稳定且高效的实体接触算法,以及支持柔性体的接触算法。

RecurDyn 的应用领域十分广泛,包括汽车、机器人、工程机械以及机床等领域。在本研究中,RecurDyn 丰富强大的接触建模功能和高效稳定的协同仿真能力,很好地保证了履带机器人仿真的顺利进行。

5.1.2　虚拟样机建模

本书所涉及虚拟样机系统主要由机身和履带式行走机构组成,其中履带式行走机构是模型的核心也是建模的难点所在。

机器人的橡胶履带与驱动带轮啮合传动,同时与地面相对运动,受力较为复杂,若将履带通过有限元法整体建模,则计算量过大以现有的硬件性能将很难运算,这给履带虚拟仿真带来了困难。

将机器人六条橡胶履带分成若干块,每节履带按照橡胶材料属性进行设置,履带块之间采用 Bushing 力(轴套力)连接,这样可以很好的模拟橡胶履带行走时的机械性能和运动性能。通过控制 Bushing 力的刚度矩阵和阻尼矩阵,来控制 Bushing 的连接效果,从而模拟橡胶履带的柔性[104]。

根据机器人结构特点,将其划分为摆臂、底盘以及履带行走机构等,将各部分添加对应的约束,形成机器人动力学模型拓扑图,如图 5-1 所示。

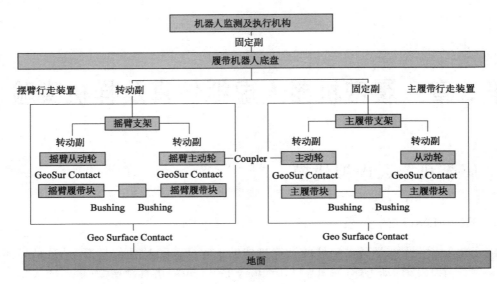

图 5-1　履带机器人动力学模型拓扑图

　　RecurDyn v9r4 拥有专门分析履带的模块,可以快速建立履带模型,但是在进行松软地面分析时,EDEM 无法准确识别履带模块的位置和运动信息,以至于模型无法与 EDEM 双向耦合仿真[105][106]。因此,本研究需在 RecurDyn v9r4 的建模模式中重新建立机器人履带模型。

　　对模型中各部件与系统之间添加约束条件和相关驱动函数。所建立履带机器人虚拟样机通过在二次开发工具模块 ProcessNet 中调用宏编程命令完成,共建立面接触 1620 对,同轴约束 226 个,生成橡胶履带块 140 块,旋转副 80 个,固定副 4 个,阶跃函数 6 个。图 5-2 展示了机器人虚拟样机模型与部分约束,图 5-2(b)中每条线代表一对面接触。

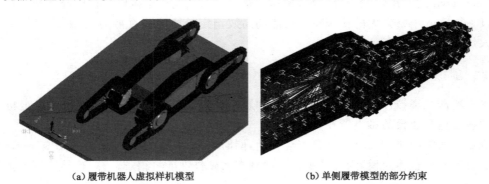

(a) 履带机器人虚拟样机模型　　　　　　　(b) 单侧履带模型的部分约束

图 5-2　履带机器人虚拟样机模型

　　6 个阶跃函数分别用于控制四个摆臂和两侧履带运动,其中两个是速度函数,其余为位移函数;阶跃函数的表达方式为 STEP(time,x_1,y_1,x_2,y_2),其中 x_1、x_2 用于表示时间,y_1、y_2 用于表示对应时间函数值的对应变化量。

5.2　履带机器人虚拟仿真实验

在第三、四章理论研究的基础上,通过多体动力学仿真进一步分析机器人的运动性能与受力情况。

5.2.1　履带机器人爬坡仿真实验

通过仿真分析履带驱动力矩变化,设置仿真条件:履带与地面的附着系数为 0.71,机器人的行驶速度为 0.8 m/s,爬坡过程如图 5-3 所示。

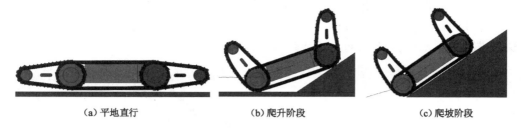

(a) 平地直行　　　　　　(b) 爬升阶段　　　　　　(c) 爬坡阶段

图 5-3　履带机器人爬坡仿真

本书所设计机器人的最大爬坡指标为 35°,以攀爬 35°坡地为目标进行仿真实验,实验过程如图 5-3 所示。取坡度从 15°到 35°每间隔 10°进行一次实验,由于原始数据重叠部分较多难以观察,故将实验数据导出,在 MATLAB 中使用 movmean 函数进行均值法滤波,从而得到单侧履带驱动力矩变化,如图 5-4 所示。

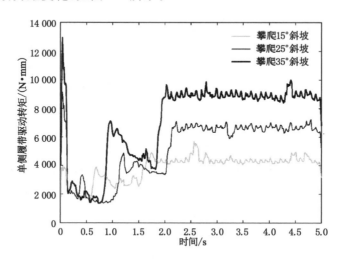

图 5-4　履带机器人爬坡单侧履带驱动力矩

从图 5-4 中可以看出:在 0～0.25 s 内,机器人处于启动加速阶段,驱动力矩存在较大波动;在 0.25～2 s 内,机器人处于攀爬阶段,驱动力矩逐渐增大;2～5 s,机器人完全爬上斜坡,此时可明显看出机器人爬坡时单侧履带驱动力矩随坡度角的增大而逐渐增加,在坡度为

35°时所需的最大驱动力矩约为 10 N·m。此攀爬 35°坡地结果与 3.2 节得理论结果 14.5 N·m 较为接近,说明理论分析结果具有较高的准确性。

5.2.2 履带机器人平地越障仿真实验

（1）常规越障

由第四章分析可知,对于常规越障,其最大越障高度主要由前摆臂的摆动角度和长度决定,且由 4.1 节分析可知越障过程中履带机器人的滑移稳定性会随着机身俯仰角的增大而逐渐降低,故在攀越较高障碍时易出现打滑现象。

设置仿真条件:履带与地面的动摩擦系数为 0.7,履带机器人的行驶速度为 0.5 m/s,攀爬阶段前摆臂上摆 40°。由仿真结果可知:在常规越障方式下,履带机器人可较好的跨越 240 mm 高度的台阶型障碍,当跨越 250 mm 的障碍时机器人会因为攀爬阶段打滑导致越障失败,如图 5-5 所示（图中的红色轨迹线代表机身质心的移动轨迹）:

图 5-5　履带机器人 250 mm 障碍常规越障仿真实验

仿真过程中,前后摆臂的摆动角度和机器人质心高度的变化曲线如图 5-6 所示,在越障准备阶段,首先后摆臂逆时针运动 90°,前摆臂顺时针运动 90°机器人开始启动加速。之后后摆臂逆时针摆动 99°,前摆臂摆动顺时针摆动 50°,机器人完成越障准备。在攀爬阶段,机器人保持前后摆臂摆动角度不变,机器人开始攀爬障碍物,质心高度逐渐提升。在跨越阶段,机器人前摆臂顺时针摆动到与路面垂直有助于总质心前移,机器人质心高度继续提升直至越过障碍物,越障完成。

设置仿真时间为 6 s,跨越 240 mm 障碍的过程如图 5-7 所示。

图 5-8 中,第 0~1 s 时为越障前准备阶段[图 5-7(a)~(b)],此过程机器人需要完成启动加速和关节动作,故驱动力矩存在较大波动;第 1~1.6 s 时为攀爬阶段[图 5-7(c)~(d)],此过程机器人前摆臂与台阶障碍接触,机身俯仰角逐渐增大,履带机器人单侧驱动力矩逐渐上升到 13 N·m＝13 000 N·mm 然后开始下降;第 1.6~2.5 s 时为跨越阶段[图 5-7(e)~(f)],此过程机器人主履带与台阶障碍接触,机身俯仰角继续增大,单侧履带驱动力矩逐渐再次上升到 18 N·m;第 2.5~6 s 机器人越障完成,驱动力矩下降至 4 N·m 附近上下波动。

与 4.1 节常规越障最大高度的理论分析结果 224 mm 相比仿真结果的最大越障高度为 240 mm 具有一定的提高,主要原因是因为履带机器人会受惯性力、履带花纹以及履带变形的影响,使得越障高度进一步提升。

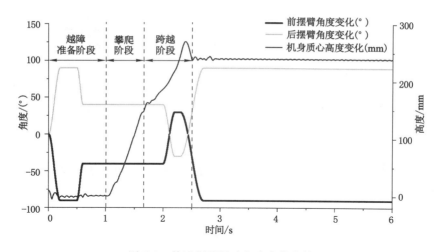

图 5-6　前后摆臂摆动角度变化曲线

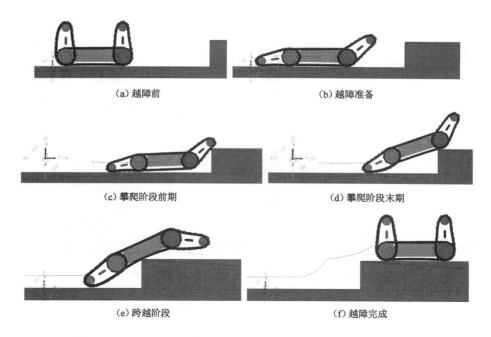

图 5-7　履带机器人平地常规越障仿真实验

（2）极限越障

对于较高的障碍,需要前后摆臂配合撑起机身完成越障。在本书第 4.1 节对极限越障进行了理论分析,现进一步对其进行仿真实验,并将仿真实验结果与理论结果进行对比分析。设置仿真时间为 5 s,履带与地面的动摩擦系数为 0.7,行驶速度 0.6 m/s,台阶高度从250 mm 开始逐渐增大,增大幅度为每次 10 mm。

通过多次仿真实验可知,对于高度为 360 mm 的障碍,机器人可以较为稳定的跨越,而对于超过 360 mm 的障碍会因为自身结构尺寸的限制而无法攀越。仿真实验结果大于极限

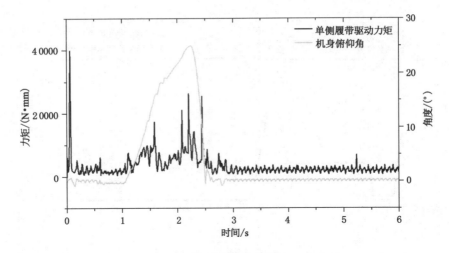

图 5-8 常规越障单侧履带驱动力矩变化图

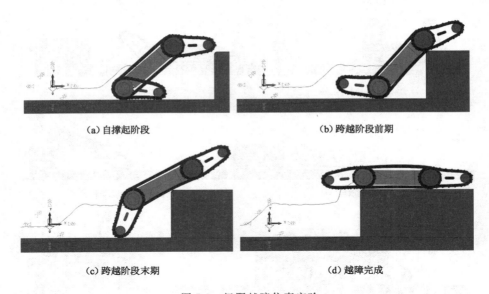

（a）自撑起阶段　　　　　　　　　　（b）跨越阶段前期

（c）跨越阶段末期　　　　　　　　　　（d）越障完成

图 5-9 极限越障仿真实验

越障打滑约束下的最大高度 344.1 mm，略小于几何约束下的最大越障高度 368 mm，理论结果与仿真实验结果较为接近。

机身质心高度变化和前后摆臂角度的变化，如图 5-10 所示。

前后摆臂角度的变化如图 5-10 所示，图中 0.5～0.9 s 前摆臂顺时针运动 100°，后摆臂顺时针运动 229°，机器人完成自撑起动作，此阶段质心逐渐升高并保持在 150 mm 附近上下波动；1.1～2 s 履带与障碍物接触，后摆臂逆时针转动 269°，再次撑高机身，使机体逐渐达到越障临界状态［图 5-9(c)］；2.2～2.8 s 质心逐渐越过障碍物，2.8～5 s 质心高度稳定在 360 mm 附近越障成功。

图 5-11 所示，为在极限越障仿真实验过程中机器人的机身俯仰角与单侧履带驱动力矩

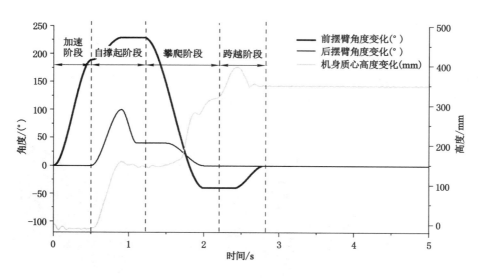

图 5-10　机身质心高度与前后摆臂摆动角度变化

的变化。由图 5-11 可知,在 0～0.5 s 内机器人处于初始加速阶段,履带机器人驱动力矩存在一个峰值;0.5～2.2 s 机器人处于自撑起和攀爬阶段[图 5-9(a)～(b)],履带驱动力矩随机身俯仰角的变化存在较大波动,当机身俯仰角达到最大 50°时,履带驱动力矩达到峰值 24 N·m;2.2～2.8 s[图 5-9(c)～(d)]机器人处于跨越阶段,随俯仰角的逐渐减小;2.8～5 s 越障完成,单侧履带驱动力矩逐渐稳定在 3 N·m 附近波动。

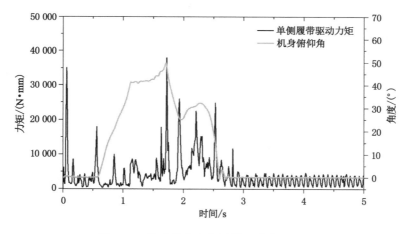

图 5-11　机身俯仰角与履带驱动力矩变化

5.2.3　履带机器人坡地越障仿真实验

（1）常规越障

对履带机器人坡地常规越障性能进行仿真实验分析,首先,构建由高度逐渐递增的台阶累加构成的坡地连续台阶路面,台阶的高度从 20 mm 逐渐增大到 300 mm,增加幅度为 20 mm;其次,由于所分析问题为坡地越障中坡度角对越障高度的影响,所以在进行实验时需要对实验地面提前设置一个角度,仿真实验每隔5°进行一次。

设置机器人坡地常规越障仿真条件:履带与地面的动摩擦系数为 $\mu=\tan(35°)=0.7$,履带机器人的行驶速度为 0.5 m/s。

当坡度角较小时越障高度较高,机器人在攀爬阶段易出现打滑现象[图 5-12(a)],当坡度角增大后,越障高度下降明显,随着前摆臂逐渐下压,打滑现象多在跨越阶段出现[图 5-12(b)]。

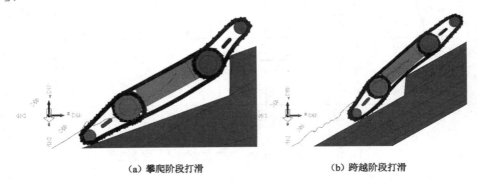

(a) 攀爬阶段打滑　　　　　　　　　　　(b) 跨越阶段打滑

图 5-12　坡地常规越障仿真实验

由第 4.2 节分析可知,履带机器人越障高度会随着坡度角的增大而下降。履带机器人常规坡地越障最大高度仿真实验与跨越阶段理论越障高度的对比,如表 5-1 所示。

表 5-1　坡地常规越障仿真结果

坡度角/(°)	几何约束		打滑约束		仿真结果	
	机身最大仰角/(°)	最大越障高度/mm	机身最大仰角/(°)	最大越障高度/mm	机身最大仰角/(°)	最大越障高度/mm
5	55	307	28.4	211.5	30.8	240
10	51	286	23.4	175.9	27.1	200
15	47.5	263	18.4	139.3	22.7	160
20	44	240	13.4	101.3	13.8	160
25	40	216.8	8.4	64.1	14.5	140
30	36	192.8	3.4	26.1	2.8	100
35	32	169	−1.57	−4.7	0	0

实验结果表明:当坡度角为 0~5°时,履带机器人的越障高度为 240 mm;当坡度角为 5~30°时,随着坡度角的继续逐渐增大履带机器人的越障高度逐渐降低到 100 mm;当坡度角为 35°时,越障高度为 0 mm,这是由于履带机器人在爬坡阶段已达到临界稳定状态,外界的轻微干扰将导致机器人发生向下打滑。

由图 5-13 可知,仿真模拟和理论计算都显示相同的变化规律,即在攀越过程中机器人的最大俯仰角和攀越高度随着坡度角的增大而减小。

(2)极限越障

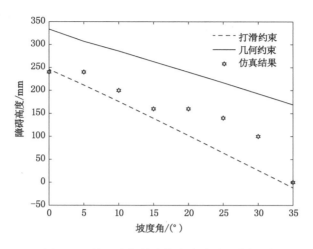

图 5-13　坡地常规越障仿真实验对比分析图

以同样的方法,进行坡地极限越障仿真实验,设置机器人履带与地面的摩擦系数为 $\mu =$ $\tan(35°)=0.7$,履带机器人的行驶速度为 0.5 m/s。

坡度角为 30°时,履带机器人坡地极限越障过程,如图 5-14 所示。

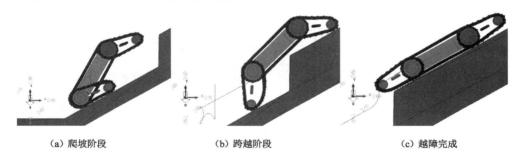

（a）爬坡阶段　　　　　　　　（b）跨越阶段　　　　　　　　（c）越障完成

图 5-14　坡地极限越障仿真实验

通过对每个坡度进行多次反复实验,最终得到仿真实验结果,如表 5-2 所示。

表 5-2　坡地极限越障仿真结果

坡度角/(°)	最大攀越高度/mm	相对于斜坡面的最大仰角/(°)	通过状态
0～10	360	/	平稳通过
15	340	21.9	晃动通过
20	300	20.4	平稳通过
25	260	17.9	平稳通过
30	240	14.8	平稳通过
35	0	0	无法通过

实验结果表明:履带机器人极限越障最大高度在坡度角为 0～10°时变化不大均为 360 mm。坡度角继续增大,履带机器人的极限越障高度开始下降,当坡度角增加到 30°时,履带

机器人的最大越障高度下降至 240°。当坡度角达到 35°时,机器人达到临界稳定状态,轻微的外界干扰将导致打滑,此时机器人无法完成坡地越障。

由图 5-15 可知,仿真模拟和理论计算都显示相同的变化规律,且在 0～30°内仿真实验结果与理论分析结果较为接近,当坡度角 35°机器人在爬坡时会因为自身姿态的调整以及与台阶的碰撞所产生的反向力导致机器人发生滑落造成越障动作无法完成(理论分析时并未考虑这些因素),故理论结果与仿真结果相差较大。

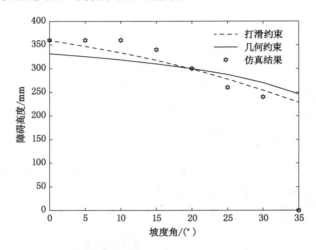

图 5-15　坡地极限越障仿真实验对比分析图

进一步对比表 5-1 和表 5-2 可以看出履带机器人在有后摆臂辅助的情况下,其坡地越障性能可以得到很好地改善。

5.3　基于 DEM-MBD 的履带机器人松软地面仿真

对于履带机器人在松软地面下的行驶性能分析,RecurDyn 的 Toolkit 模块具有相应的分析功能,然而此功能其本质是基于贝克的压力沉陷理论,在仿真前需要提前设置沉陷量以及土壤参数,沉陷量和土壤参数需要通过实验求取这就可能产生误差,且贝克模型的求解方法本身也存在一定误差,误差的累计会导致最终的结果产生较大偏差。

当前确有很多学者利用离散元方法对履带-地面相互作用进行研究。但其中绝大部分均将履带板简化为刚性履带板,而简化后的刚性履带板不仅缺少整条履带的运动特性,也改变了履带车辆的载荷变化,因此,利用刚性板来研究履带-土壤间相互作用难免失真。而利用离散元方法对整条履带的仿真并无较多案例与研究,这是由于整条履带的运动与动力学建模过于复杂,很难将其与离散元方法结合研究[106]。

本节主要利用离散元-多体动力学双向耦合(DEM-MBD)的方法研究履带机器人在松软地面下的沉陷量和行驶阻力,以及土壤在履带作用下的移动轨迹和位移场的变化趋势。以期评估摆臂履带机器人在松软地面的通过性能,并为所涉及的摆臂履带式行走机构在松软地面下的行驶阻力求解提供一种新的方法,此方法可为机器人结构设计和自动控制研究提供借鉴和指导。

5.3.1　颗粒床建模

本节通过耦合仿真主要分析履带机器人在松软地面下的行驶阻力以及履带-地面之间的相互作用关系。

在联合仿真前需要首先在 EDEM 中建立土壤的颗粒床模型（土槽模型），建立土槽的 $A\times B\times H=2\,000$ mm$\times 1\,000$ mm$\times 300$ mm，如下图 5-16 所示。

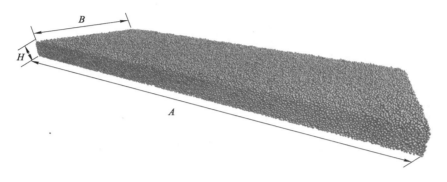

图 5-16　颗粒床

颗粒床中的土壤采参数选用软件自带的可压缩粘性土，颗粒及力学参数见表 5-3。

表 5-3　颗粒及力学参数

项目	参数值
颗粒个数	300 000
颗粒泊松比	0.25
颗粒剪切模量	1e+07
颗粒密度	2 600
颗粒-颗粒碰撞恢复系数	0.55
颗粒-颗粒静摩擦系数	0.5
颗粒-颗粒滚动摩擦系数	0.05
底板泊松比	0.25
底板剪切模量	1e+10
底板密度	4 000
颗粒-底板碰撞恢复系数	0.5
颗粒-底板静摩擦系数	0.5
颗粒-底板滚动摩擦系数	0.05

颗粒床足够的深度，是保证履带沉陷量计算准确的前提，但这会导致颗粒数量过多使计算缓慢且生成的数据庞大。通过设置动态计算域，可有效提升计算效率[106-107]。具体使用方法为首先预设出履带移动时所能影响到的土壤范围，再插入相同大小的动态计算域，设置计算域与机器人行走机构相对静止。通过计算得到机器人的行走速度约为 0.36 m/s，因此

也设动态计算域的移动速度为 0.36 m/s。颗粒冻结条件为：在 0.05 s 内判定 3 次，每次判定颗粒移动范围与自身半径的比值不得超过 0.1。具体应用效果，如图 5-17 所示。

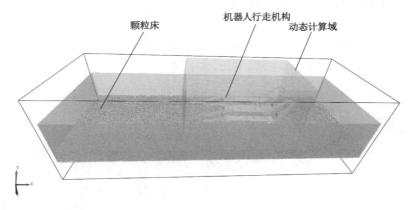

图 5-17　动态计算域

5.3.2　DEM-MBD 仿真结果分析

为兼顾越障性能和松软地面下的通过性能，在进行 DEM-MBD 仿真时机器人选用前摆臂抬起后摆臂下摆与地面平行的行走姿态。

机器人向前行驶的过程中，会压实土壤产生压土阻力。图 5-18 所示的线条代表土壤颗粒的移动轨迹，颜色的变化代表颗粒移动距离大小的不同。通过使用 EDEM 内部工具的测量可知，在行驶过程中履带对土壤的影响深度约为 50 mm，且随着压实深度的增加履带对土壤的影响逐渐减弱。

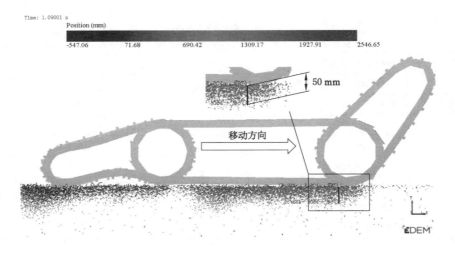

图 5-18　土壤颗粒位移轨迹云图

进一步的对履带机器人的最大沉陷深度进行测量可知（图 5-19），其作用于可压缩粘性土壤所产生的最大沉陷深度较小约为 20 mm。由于沉陷并不明显所以履带前方土壤并未出现土壤堆积现象,故 4.4 节理论分析时忽略较小的推土阻力是可行的。

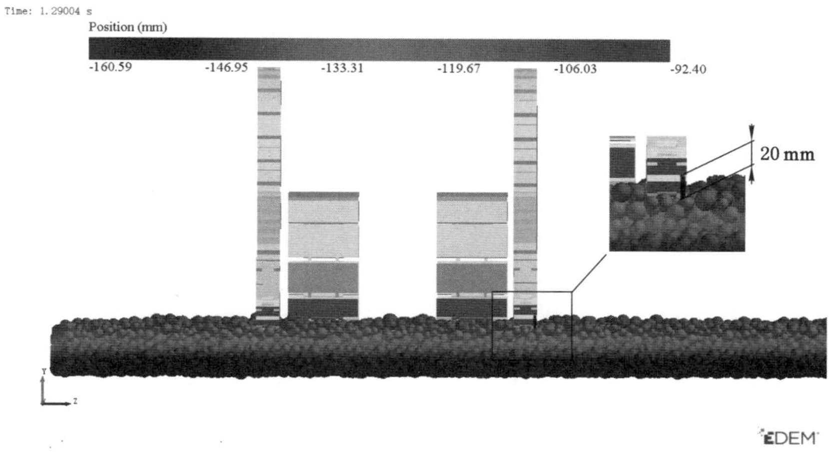

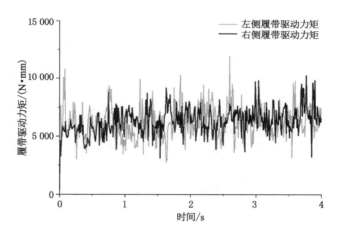

图 5-19　履带机器人的沉陷深度测量截面图

通过 RecurDyn 记录下虚拟样机在通过软土地面时的驱动力矩和 X 轴方向的位移速度曲线。由图 5-20 可知,左右履带的驱动力矩均在 6 N·m 附近波动。机器人通过颗粒床所需的合力矩在 12 N·m 左右,此结果与第四章在已耕地土壤下的求解结果相似。

图 5-20　机器人松软地面行进左右两侧履带受力

由图 5-21 可知初始时刻速度为 0,理论速度为 0.36 m/s,滑转率为 1,在随后的 0.2 s 为加速阶段,样机速度逐渐增加到 0.3 m/s 附近且随时间增长而略有增大;完成加速阶段后,受履带打滑影响,机器人在松软地面行驶时会仍产生一定的滑转,其直行时最大滑转率为 0.17。

5.4　履带机器人样机实验

根据设计指标对履带机器人性能进行初步测试,并分析实验结果。共进行了 7 种实验,

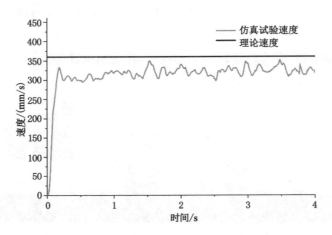

图 5-21　履带机器人松软地面行驶速度

包括履带机器人平地直行速度测试、跨沟测试、平地台阶越障测试、连续台阶越障测试、爬坡测试、坡地常规越障测试和松软地面行走测试。

（1）平地直行实验

在进行直行样机实验时首先在地面测量出两米的长度，并在两端做好标记，记录履带机器人通过时间为 5.18 s，从而可算出机器人的行驶速度为 0.386 m/s，直行测试过程，如图 5-22 所示。

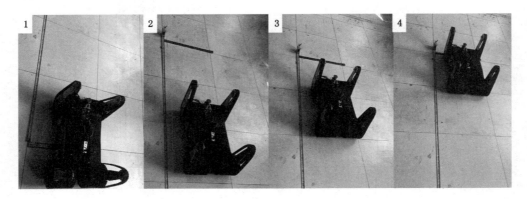

图 5-22　履带机器人平地直行实验

实验结果表明，履带机器人在水平路面可以快速平稳运行，且在行进中遇到的一些较小的障碍，可被机器人轻松跨过不会对行驶产生任何阻碍。

（2）跨沟实验

对履带机器人跨沟性能进行样机实验，使用两张桌子组成壕沟障碍，两张桌子中间的空隙即为壕沟的宽度。在实验时通过不断增加壕沟宽度从而确定机器人的跨沟性能。实验过程，如图 5-23 所示。

通过多次实验，最终测得机器人前后摆臂全部抬起时（常规行驶状态），最大跨沟宽度为 250 mm 大于国家标准的 200 mm 完全满足设计要求。

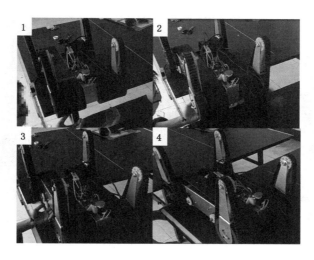

图 5-23　履带机器人跨沟实验

（3）平地越障实验

台阶障碍由桌板、书和毛毯组成，通过改变书的多少可改变障碍物高度。通过反复测试，最终得到平地常规越障机器人所能成功攀越的最大障碍高度约为 250 mm。设置 MPU6050 采集频率 100 Hz，越障过程中 MPU6050 的数据通过无线通信，传输至上位机完成数据的采集。机器人的越障实验过程和俯仰角数据采集结果（经过了均值滤波处理），如图 5-24 所示。

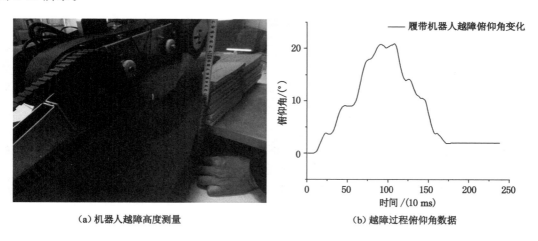

（a）机器人越障高度测量　　　　　（b）越障过程俯仰角数据

图 5-24　履带机器人平地常规越障实验

由图 5-24 可知，履带机器人在攀越 250 mm 高度障碍时的最大俯仰角为 21°，与 4.1 节理论分析结果 224 mm 相比略高。观察越障过程可知，最终无法跨越更大高度是因为攀爬阶段末期机器人发生失稳打滑造成。

（4）爬坡实验

斜坡由支撑物、可折叠床板和毛毯组成，通过改变支撑物的高度使斜坡面的最大坡度角达到 30°机器人，爬坡实验流程如图 5-25 所示，MPU6050 采样频率为 100 Hz。

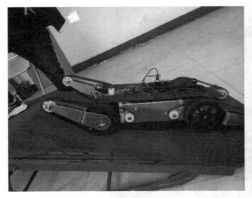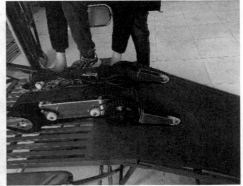

（a）机器人爬坡中　　　　　　　　　　　（b）机器人爬坡完成

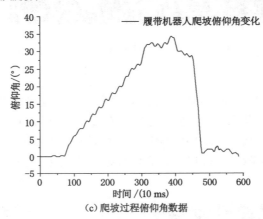

（c）爬坡过程俯仰角数据

图 5-25　履带机器人坡地通过性实验

30°爬坡实验中机器人运行稳定，顺利完成爬坡动作，履带与坡面之间未发生明显相对打滑，表明驱动电机能够提供爬坡所需动力，达到基础指标要求。

（5）坡地越障实验

在爬坡实验平台上叠加书本，其上覆盖毛毯组成坡地越障实验台。通过多次实验，在坡度为18°的情况下障碍物高度约为50 mm，机器人爬坡实验流程如图 5-26 所示。

机器人坡地越障高度与理论分析相比较低，主要由于前摆臂履带变形和履带与毛毯之间无法产生足够的摩擦力导致。

（6）松软地面行走实验

机器人松软地面行走实验，如图 5-27 所示。

实验结果表明机器人可以顺利通过且沉陷深度较小，说明所设计的履带结构能够较好的适应松软地面。

（7）连续台阶越障实验

连续台阶越障测试，如图 5-28 所示。

攀爬连续台阶初始爬升阶段摆臂起到辅助支撑作用，使机身顺利爬上高于履带轮半径的一级台阶；在攀爬中期机器人依靠后摆臂和宽大的主履带支撑，爬升过程整体平稳；最后

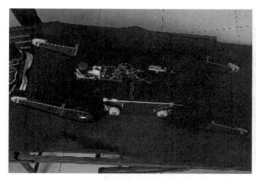

（a）机器人坡地越障中　　　　　　　　　　　　（b）机器人坡地越障完

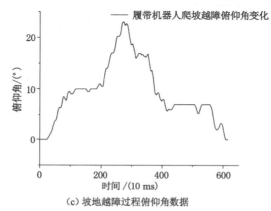

（c）坡地越障过程俯仰角数据

图 5-26　履带机器人坡地越障实验

图 5-27　松软地面通过性实验

机器人主履带与后摆臂履带的作用下继续爬升，直至总质心越过二级台阶，机器人越障成功，从测试结果来看样机达到设计预期。

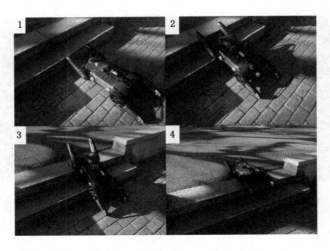

图 5-28　连续台阶通过性实验

第 6 章　三维场景数据获取及预处理

6.1　引言

根据前面机器人运动场景三维重构方法的分析,首先需要借助传感器获取描述真实环境的尺度信息,然后估算传感器的实时位姿数据,最后根据传感器信息和传感器对应的位姿数据进行三维重构。尺度信息主要由深度传感器获取周围障碍物的深度信息,同时考虑估算位姿过程会因传感器运动速度过快等因素无法进行,选取 IMU 传感器辅助计算深度传感器的位姿。因此本章首先对总体方案进行设计,然后介绍了三维重构中常用于获取深度的传感器并选取合适的深度传感器,最后推导深度传感器数据到电脑存储数据的处理模型,并将获取到的原始数据进行必要的预处理。为后续章节提供真实可靠的环境信息。

6.2　总体方案设计

可以获取深度数据并适用于三维重构的传感器主要有激光雷达、单目相机、双目相机和深度相机。其中激光雷达的工作原理是雷达发射、接收激光光束并获取该过程所消耗的时间,结合时间与光速获得雷达与障碍物之间的距离[108]。激光雷达具有测量精度高、可 360°扫描、测距范围大等优点,但多线激光雷达主要为 16 线雷达、32 线雷达、64 线雷达和 128 线雷达,在垂直面上采集的分辨率小,价格昂贵且无法获取环境的颜色信息。因此激光雷达多用于导航、避障等自动驾驶领域,进行三维重构时无法对真实环境的颜色及纹理信息进行细致的还原。

单目相机和双目相机较为类似。单目相机由一个彩色摄像头组成,采集到的数据为单视频流。双目相机由两个位置固定的彩色摄像头组成,采集到的数据为双视频流[109]。单目相机和双目相机都可以通过视频流直接获取环境的颜色信息,但两传感器无法直接获取距离信息,只能通过图像帧进行估算。估算过程类似于人脑通过两只眼睛获取距离信息的过程,其中单目相机将视频流中相邻两帧的图像作为原始数据,双目相机将双视频流中同一时刻的图像帧作为原始数据,通过构建两幅图像间的三角视差估算相机与障碍物的距离。因为双目相机两个摄像头的相对位置已知,估算的原始条件多于单目相机,精度也稍高于单目相机,应用范围多于单目相机。但两相机因需要实时估算距离信息,需占用的计算资源大,距离估算的精度受光照等因素的影响大。

深度相机传感器可以综合激光雷达与双目相机的优点。深度相机由高清摄像头和测距模块组成,高清摄像头采集的彩色视频流可以直接获取环境的颜色信息[110]。测距模块通常有两种技术路线,一种路线的原理与激光雷达类似,通过发射、接收激光并记录所用时间,结合时间与光速得到相机与障碍物之间的距离。另一种路线的原理类似于双目相机,测距模块主要由红外激光器、两个位置相对固定的红外摄像头组成,红外激光器发射特定结构的辅助红外光束,红外摄像头采集两幅红外图像。由于红外图像中包含环境信息和辅助红外光信息,辅助红外光可以简化构建三角视差的过程并提高估算的精度,同时红外光受环境变化的影响小,另外传感器通过装备专用的视觉处理芯片将距离估算的过程变为由传感器本身实现,不再占用额外的计算资源,因此克服了双目相机的缺点。本书意在对真实环境进行三维重构,需要周围环境的颜色信息和距障碍物的距离信息,故选用深度相机作为论文的图像和测距传感器。同时防止深度相机运动速度过快造成彩色视频流连续帧之间的关联性小,进而导致相机的实时位姿无法估算的情况,采用IMU解算的位姿作为补充。

根据上述常用传感器分析,本书提出了一种基于深度相机和惯性导航传感器(Inertial Measurement Unit,IMU)相互融合的矿井运动场景三维重构的方法,综合深度相机可以直接获取场景的彩色三维点云信息和IMU传感器的更新频率较快的优点,通过将两传感器的计算结果不断修正以获得一个更正确的位姿数据,依据位姿数据生成对应的三维重构模型,具体实施步骤如图6-1所示。

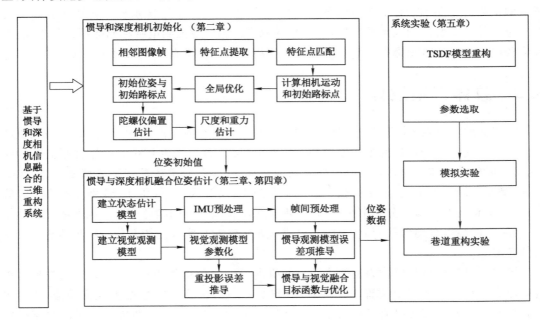

图6-1 总体方案流程图

本书基于深度相机融合IMU数据进行三维重构提出的算法流程图主要由三部分组成,由于IMU数据需要进行积分操作,积分操作会使IMU的误差随时间的增加而被无限放大,导致预测值与真实值具有较大出入。基于IMU的特性,本书结合图像的采集频率将IMU的数据进行分段处理,通过图像的速度估算作为IMU的初始值,不断修正IMU的误差。整体框架主要由三部分组成。第一部分主要是基于深度相机采集到的彩色和深度图像初步估算相机每一帧的位姿。主要的思路是经图像点线特征融合的提取和匹配,建立前后两帧的同一位置的对应关系,同时估算每一图像帧的速度信息为IMU数据的修正提供必要的初始值。第二部分是建立在第一部分的基础上,对IMU数据进行预积分操作,通过预积分图像尺度上帧间的 IMU 数据,估算出帧间的位姿变化数据。利用第一部分估算的位姿求解图像信息和 IMU 信息的重投影误差,建立误差函数,通过对误差函数的优化估算出新的位姿数据。为了进一步提高位姿的准确性,第三部分利用前面估算出的位姿数据和其对应的点云数据根据 TSDF 模型进行融合,生成最终的三维重构模型。

6.3　传感器选择

6.3.1　深度传感器选择

目前主流的深度相机包括微软公司 kinect 系列、Intel Realsense D400 系列等,Intel Realsense D400 系列深度相机是 2018 年由英特尔公司陆续推出的一系列传感器,主要包括 D415、D435、D455 等型号,相较于微软公司 kinect 系列深度相机,该系列深度相机拥有更小的体积和重量、更低的能耗、使用更大的成像芯片以及更先进的处理芯片,实际传感器性能进一步提升,传感器只使用 USB3.0 接口就可实现数据的传输以及传感器供电,减少了传感器的外部供电模块,使其安装使用更加便捷。在软件方面,Intel Realsense 系列的开源 SDK2.0 运行平台提供了多种流行编程语言的数据接口,方便对传感器的数据进行获取与进一步处理。Intel Realsense D400 系列中的 Realsense D435 型号因配备宽视场深度传感器和全局快门传感器使其成为机器人导航和目标识别等应用的首选传感器,全局快门传感器有较低的光敏感度,照明条件不足的情况下也能获取良好的传感器信息,更加适用于矿井巷道昏暗环境的数据采集。因此结合本书使用方法的使用场景,选取 Intel Realsense D435 型号作为主要的图像和测距传感器。Realsense D435 深度相机的采集系统主要由 RGB 模块和深度模块两部分组成,RGB 模块主要为彩色相机,深度模块包括左、右红外摄像头、红外激光器和视觉处理芯片,视觉处理芯片位于主板上。Realsense D435 的结构如图 6-2 所示,其采用红外结构光结合双目视觉计算深度,红外激光器投射一系列动态变化的红外结构光,可以提高低纹理场景中的估算深度的精度。左、右红外摄像头捕获场景并将获取的数据发送到视觉处理器,该处理器通过结构光辅助将左图像上所有的像素点与右图像对应像素点关联,通过左图像上的像素点与右图像之间的偏移量来计算图像中每个像素点的深度值。对深度值进行处理以生成深度图像,并由生成的深度图像创建深度视频流。彩色视频流和深度视频流经视觉处理芯片处理后通过 USB 3.0 接口输出。

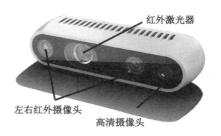

图 6-2　Realsense D435 结构图

深度相机输出的原始数据为三通道八位彩色图像视频流和单通道 16 位灰度图像视频

流,其中灰度图中的数值为对应像素点上相机与障碍物之间的距离,单位为 mm。通过程序调用相机 SDK 即可获取相机原始数据,图 6-3 为深度相机采集矿井皮带输送机环境的部分原始数据,彩色图像和深度图像分别保存为 png 格式的彩色图和灰度图,图像以采集数据时的时间戳(Unix Timestamp)[111],自 1970 年 1 月 1 日到当前时间的总秒数)命名,可以通过时间戳数据对深度图像和彩色图像进行对应,方便系统后续处理。图 6-3 中彩色图像展示环境的色彩信息,深度图像中灰度值越大表示相机距离障碍物的距离越近,灰度值越小表示相机距离障碍物的距离越远,距离的具体数值可通过计算机读取对应的像素值获取。

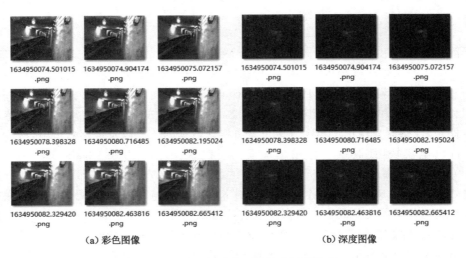

(a)彩色图像　　　　　　　　　　　　　　　(b)深度图像

图 6-3　深度相机采集到的部分原始数据

Realsense D435 主要参数如表 6-1 所示,根据表中数据可知,虽然相机的可信测距范围可以达到 13 米,其精度在 2 m 时小于 2%,但随着深度的加大测距精度也会随之减小,为保证数据的准确性仅使用距离范围在 0.3～4 m 之间的数据。彩色图与深度图在视场、分辨率、帧数等参数各不相同,还需对原始数据进行处理。

表 6-1　深度相机主要参数

相机参数	数值
可信深度量程	0.3～13 m
深度精度	2 m 时<2%
测距理想范围	0.3～4 m
深度视场	87°×58°
深度分辨率/帧数	1 280×720/90 fps
RGB 视场	64°×41°
RGB 分辨率/帧数	1 920×1 080/30 fps
三维尺寸(长宽高)	90 mm×25 mm×25 mm

6.3.2　IMU 选择

为了防止深度相机运动速度过快造成彩色视频流连续帧之间的关联性小,进而导致相机的实时位姿无法估算的情况,采用 IMU 解算的位姿作为补充。IMU 数据的运用将在第四章展开,为保证论文的一致性,本节仅对 IMU 传感器进行一个简要的介绍。IMU 在导航等领域中有着广泛的应用,主要用来检测物体的加速度与角速度,具有频率高、不受环境影响等优点。基于以上优点,IMU 估算的位姿数据可以作为相机追踪失败时的补充,使位姿估算可以继续进行,同时相机的位姿数据可以与 IMU 的位姿数据相互修正。IMU 主要包含三个互相垂直安装的加速度计和三个互相垂直安装的陀螺仪,加速度计检测物体的线加速度值,陀螺仪检测角速度信号[112]。由于需要通过对角速度和加速度的积分操作解算出物体的姿态,因此陀螺仪和加速度计的精度严重影响输出数据的精度。在 IMU 应用过程中,各种不可控因素影响会使加速度计和陀螺仪产生误差,而位姿数据是对加速度和角速度积分得到,受时间影响较大,所以 IMU 传感器估算位姿的主要缺点是位姿误差会随着时间的不断增加而增大,但其在短时间内的位姿数据依然具有较高的精度,因此 IMU 通常与其他传感器联合使用,实现位姿融合,通常 IMU 需要安装在移动物体的重心上来减小误差。

本书采用 AHRS-3000 作为 IMU 数据传感器,它可以实现以 100 Hz 速率对外输出物体的运动信息包括角速度、加速度、横滚角、俯仰角和航向角。为了获得高精度的载体姿态角,AHRS-3000 通过 kalman 数据融合算法提高 IMU 的输出精度,并且可通过对传感器的安装误差进行补偿,温度补偿等手段提高 AHRS-3000 的测量精度。角速度采用三轴陀螺仪的角速度积分生成三轴角度。加速度采用三轴加速度计去除重力分量后输出三轴加速度。同时基于三轴磁力计测量地球磁场基于磁场辅助判断角度。经主控单元处理后输出三轴加速度和三轴角速度。AHRS-3000 将对陀螺仪的积分值作为状态量、将通过加速度和磁偏角获得姿态作为观测量、参考物体的状态信息构建增益调整因子,通过基于四元数的自适应 kalman 滤波数据融合算法,获得物体的最优姿态角。为了获取高精度的姿态角,对三轴陀螺仪三轴加速度计和三轴磁力计进行了温度漂移等误差补偿。其参数如表 6-2 所示:

表 6-2　AHRS-3000 的主要参数

	参数	指标
姿态角	测量范围:俯仰角/横滚角/偏航角	±90 度/±180 度/±180 度
	静态精度	0.5 度
	动态精度	2 度
	分辨率	0.1 度
角速率	测量范围,俯仰/横滚/偏航	±2 000 度/秒
	分辨率	0.1 度/秒
	随机游走误差	0.035deg $\sqrt{HZ}$
加速度	三轴测量范围	±2 g
	分辨率	0.001 g
	随机游走误差	50deg $\sqrt{HZ}$

6.4　相机数字模型

深度相机将真实环境的几何信息、亮度、色彩、深度信息转化为彩色图像和深度图像,为方便计算机去除图像中的误差信息并根据图像还原真实环境的数字模型,需要对相机的测距原理、投影模型和畸变模型这三个数字模型进行分析。测距原理描述了相机获取深度的原理。投影模型描述了彩色相机如何将真实环境中的三维信息转化为图像中的二维信息,通过相机投影模型我们可以由二维图像结合深度信息还原实际的三维点云信息。本书采用针孔投影模型和畸变模型描述整个投影过程。畸变模型对图像的误差进行定义并去除。为方便后续论文的叙述,现对深度相机的彩色相机和深度模块的坐标系进行定义,共同定义相机深度采集的方向为 Z 轴的正方向,竖直向上为 X 轴正方向,根据笛卡尔坐标系建立坐标系。下文分别介绍相机的双目测距原理、针孔投影模型和畸变模型。

6.4.1　测距原理

传感器深度模块的测距原理采用了双目测距原理,双目测距模型如图 6-4 所示,图中 O_L 和 O_R 分别是左、右红外相机的光圈中心,b 为左、右红外相机的基线,深度传感器通过红外投影仪发射出相应的红外结构光,辅助视觉处理器定位、提取并匹配左右成像仪采集到的图像中现实空间点对应的像素点 P_L 和 P_R,在直线 O_LP 和直线 O_RP 组成的平面中,根据 $\triangle PP_LP_R \sim \triangle PO_LO_R$ 可得空间点 P 的深度值 z 的值为[113]:

$$\frac{z-f}{z} = \frac{b-u_L+u_R}{b} \tag{6-1}$$

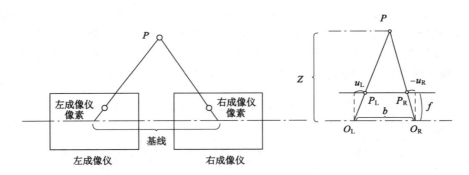

图 6-4　相机测距模型

整理可得:

$$z = \frac{fb}{d}, d^{\text{def}} = u_L - u_R \tag{6-2}$$

式中　z——空间点深度值;

　　　f——相机焦距;

　　　b——双目相机基线长度;

　　　$u_L u_R$——左右成像仪对应像素的坐标。

由公式(2-2)可知,获取像素点在左、右红外相机中的直线距离即可获得该像素的深度值,将所有像素的深度值按顺序保存在灰度图中即可获取该时刻对应的深度图。

6.4.2 针孔投影模型

针孔投影模型是推导相机观测方程最常用的投影模型之一,其基本描述的是空间点反射的光经针孔成像之后投影在成像平面上形成平面二维图像的过程。实际情况中将相机透镜看做带有小孔的针孔板,由于小孔成像的结果是在成像平面后方形成一个倒立的像,为了简化模型计算方便,将成像平面对称到镜头前方,与三维空间中针孔板在同一侧,如图 6-5 所示:

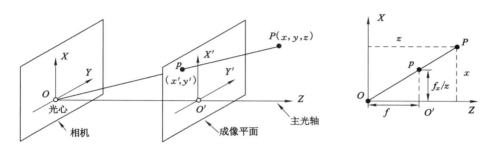

图 6-5 针孔成像模型

可以看出相机坐标系 $O\text{-}XYZ$ 与成像坐标系之间的转换关系,主光轴 OZ 与成像平面交于主点 O',光心到成像平面的距离 f 为相机的焦距,任意空间点 $P=[x,y,z]$ 与光心连线与成像平面的交点即为相机采集到的三维空间点的投影到成像平面的点 $p=[x',y']$,根据三角形相似原理可得到实际坐标、成像坐标和焦距三者之间的关系如公式(6-3)所示:

$$\frac{z}{f} = \frac{x}{x'} = \frac{y}{y'} \tag{6-3}$$

整理可得:

$$\begin{cases} x' = f\dfrac{x}{z} \\ y' = f\dfrac{y}{z} \end{cases} \tag{6-4}$$

而在实际情况中,由于计算机储存空间等因素的限制,通常会对上述模型中成像平面上的图像以设定的分辨率进行采样和量化操作,使采集到的图像以特定分辨率的三通道像素矩阵的形式储存起来,而在采样和量化操作过程中定义了像素坐标系,通常设置图像最左上角的点为坐标原点,u 轴与成像坐标系 x 轴平行向右,v 轴与成像坐标系 y 轴平行向下。成像平面需要经过平移和缩放变换才能转化为像素平面。设 f_x,f_y 为 x 轴和 y 轴的缩系数,c_x,c_y 为原点沿 x 轴和 y 轴的平移系数。则图像上的一点 (u,v) 可由公式(6-5)[114]计算得到,

$$\begin{cases} u = f_x\dfrac{x}{z} + c_x \\ v = f_y\dfrac{y}{z} + c_y \end{cases} \tag{6-5}$$

转化为矩阵形式的公式为:

$$z \begin{bmatrix} u \\ v \\ 1 \end{bmatrix} = \begin{bmatrix} f_x & 0 & c_x \\ 0 & f_y & c_y \\ 0 & 0 & 1 \end{bmatrix} \begin{bmatrix} x \\ y \\ z \end{bmatrix} = KP \tag{6-6}$$

其中 $K = \begin{bmatrix} f_x & 0 & c_x \\ 0 & f_y & c_y \\ 0 & 0 & 1 \end{bmatrix}$ 为相机内参，f_x、f_y、c_x、c_y 即为相机的内参数，对于任一确定的

相机，其内参是固定不变的，只与相机的内部结构有关。若已知三维空间内一点的坐标值就可以通过内参矩阵计算出该点对应于像素坐标系中的坐标值。同样的，若已知一点的像素坐标及其深度值也可以计算出该点在三维空间中的坐标值，而深度值可由对应到的深度图获得。

通常，讨论空间中某点的坐标是其在世界坐标系下的坐标，而世界坐标系与相机坐标系的变换关系可由欧式变换描述。所以位于空间坐标系内的一点 P_w 转化到像素坐标系下的公式如（6-27）所示：

$$z \begin{bmatrix} u \\ v \\ 1 \end{bmatrix} = K \begin{pmatrix} R & t \\ 0 & 1 \end{pmatrix} P_w = KTP_w \tag{6-7}$$

其中深度 z 可由深度图像像素点的值确定。P_w 代表空间点在世界坐标系下的坐标值，R、t 分别是从世界坐标系向相机坐标系变换的旋转矩阵和平移向量。T 称为相机的外参，相机的外参是指该时刻相机在世界坐标系中的位姿数据，随着相机的运动，相机的外参也会随之改变，本书的阶段性重点也是求取不同时刻的相机的外参数据。

6.4.3 相机畸变模型

针孔投影模型在理想状态下可以描述相机的投影过程，但实际情况中会存在误差，为了获取质量更好的图像数据需要引入畸变模型。由于相机镜头是由透镜组合而成，透镜会改变光的传播途径使光线并不会沿直线传播，并且由于组装过程难免会存在误差，使得成像平面与相机光圈并不会完全平行，这些都会对投影模型产生干扰，使产生的图像与理想状态下存在差异。为了描述这种差异引入了相机畸变模型，这种差异也称为畸变。由于相机镜头为中心对称图形，这使得图像畸变也呈现出中心对称的形式，越靠近图像边缘畸变越明显，这种中心对称的畸变称为径向畸变。由于组装误差使得成像平面与光圈不平行，这会导致理想成像平面与实际成像平面之间存在一个角度差，这使得图像会产生因角度误差而产生的切向畸变。图 6-6 描述了径向畸变与切向畸变的关系。

径向畸变的产生是由于相机镜头的透镜使进入相机的光线发生了折射，由于透镜的曲率是随半径的变化而变化，同一半径上的曲率在忽略误差的情况下认为是相同的，因此三维空间投影在成像平面上会沿半径方向发生变化，在越靠近中心的地方越接近真实值，越靠近图像边缘的地方，畸变程度越严重。根据畸变的方向不同，径向畸变可分为桶形畸变和枕形畸变两种，当使用长焦镜头时易产生枕形畸变，产生物体向中间"收缩"的异常图像，使用广角镜头易产生桶形畸变，产生物体呈桶形向外膨胀的异常图像如图 6-7 所示。

由于镜头的差异和安装误差使得图像畸变不可避免，而且不同摄像头的畸变程度互不相同，为了减小畸变对建模效果的影响，需要对图像进行去畸变处理，通过引入畸变模型来

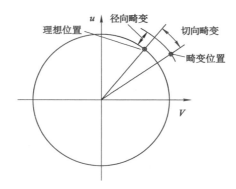

图 6-6　相机畸变模型

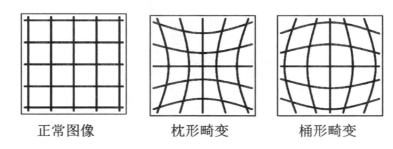

图 6-7　径向畸变

减小图像畸变的影响。在归一化图像坐标系中,径向畸变可由模型(6-8)[115]修正。

$$\begin{cases} x' = x(1 + k_1 r^2 + k_2 r^4 + k_3 r^6) \\ y' = y(1 + k_1 r^2 + k_2 r^4 + k_3 r^6) \end{cases} \tag{6-8}$$

式中,k_1,k_2,k_3 表示图像的径向畸变系数,r 是图像上的点 $p(x,y)$ 到图像中心的距离,可由勾股定理计算得到,图像离中心点距离越远修正程度越大。

切向畸变修正模型如公式(6-9)所示:

$$\begin{cases} x' = x + 2p_1 xy + p_2(r^2 + 2x^2) \\ y' = y + p_1(r^2 + 2y^2) + 2p_2 xy \end{cases} \tag{6-9}$$

式中,p_1,p_2 是切向畸变系数。

综合以上公式可得如下畸变模型:

$$\begin{cases} x' = x(1 + k_1 r^2 + k_2 r^4 + k_3 r^6) + x + 2p_1 xy + p_2(r^2 + 2x^2) \\ y' = y(1 + k_1 r^2 + k_2 r^4 + k_3 r^6) + y + p_1(r^2 + 2y^2) + 2p_2 xy \end{cases} \tag{6-10}$$

6.5　相机数据预处理

6.5.1　相机标定

为了获取更为准确的实际空间三维点与相机采集图像之间的转换关系,需要对相机进行标定,获取特定相机的内参和畸变系数。同时利用畸变模型对采集到的图像信息进行去畸变操作,使针孔投影模型更加符合实际的投影关系,减少因为传感器的构造而造成的系统误差,得到更为准确的实际空间和相机图像之间的变换关系。利用 ROS(Robot Operating System)[116]即机器人操作系统的 camera_calibration 功能包进行对相机进行标定,该功能包基于张正友标定法对相机进行标定[117],首先需要打印相机标定所需的 6×8 标定靶并进行加固,防止标定过程中出现形变影响标定精度。标定靶图案由 7×9 黑白相间的正方向图案组成,正方形边长为 24 mm,实际上标定实验识别的是标定靶内四个正方形相交的点,称为内部脚点,共 48 个内部脚点,标定靶与内部脚点示意图如图 6-8 所示。

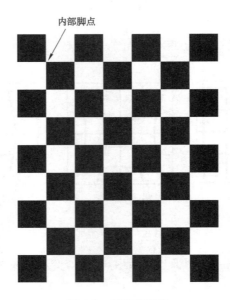

图 6-8 标定靶图案

相机标定过程使相机固定不动,由标定人员移动标定靶以采集不同角度和距离下的图像,通过矩阵运算计算出相机的内参和畸变系数。标定过程中采集的标定靶不同位姿的图像和最终标定结果文件如图 6-9 所示。为方便表述,后文将彩色图像的相关参数加下标 c,深度图像的参数加下标 d 加以区分。

深度模块采用同样的标定过程,彩色相机和深度模块的标定结果如表 6-3 所示。

表 6-3 相机标定结果

	彩色相机	深度相机
Camera.fx	600.370 954	384.476 886
Camera.fy	599.875 514	320.896 636
Camera.cx	319.108 745	384.476 806
Camera.cy	237.335 969	242.478 394
Camera.k1	0.141 428	−0.283 408
Camera.k2	−0.289 978	0.073 959

图 6-9　彩色相机标定过程

Camera. p1	−0.005 161	0.000 193
Camera. p2	−0.002 831	0.000 018
Camera. k3	0.000 000	0.000 000

由标定结果可知,彩色相机保留小数点后三位后的内参矩阵为:

$$R_c = \begin{bmatrix} 600.371 & 0 & 319.109 \\ 0 & 500.876 & 237.336 \\ 0 & 0 & 1 \end{bmatrix} \tag{6-11}$$

畸变修正模型为:

$$\begin{cases} x' = x(1+0.141\,428r^2 - 0.289\,978r^4) - 0.010\,322xy - 0.002\,831(r^2 + 2x^2) \\ y' = y(1+0.141\,428r^2 - 0.289\,978r^4) - 0.005\,161(r^2 + 2y^2) - 0.005\,662xy \end{cases}$$

$$\tag{6-12}$$

深度模块的内参矩阵和畸变修正模型分别为式(2-13)和式(2-14),

$$R_d = \begin{bmatrix} 384.477 & 0 & 384.477 \\ 0 & 320.897 & 242.478 \\ 0 & 0 & 1 \end{bmatrix} \tag{6-13}$$

$$\begin{cases} x' = x(1-0.283\,408r^2 + 0.073\,959r^4) + 0.000\,386xy + 0.000\,018(r^2 + 2x^2) \\ y' = y(1-0.283\,408r^2 + 0.073\,959r^4) + 0.000\,193(r^2 + 2y^2) + 0.000\,036xy \end{cases}$$

$$\tag{6-14}$$

获取彩色图中某一位置的深度时需要读取深度图对应坐标的像素值,再配合相机的内参和比例系数计算像素点在相机坐标系中的坐标值,但由于深度模块和彩色相机本质上是固定安装在一起的两台独立的相机,其产生的数据信息与两者之间的安装关系和相机本身的参数有关。通常深度相机采集到的原始深度图像和原始彩色图像的像素并不是一一对应的,因此需要对深度图和彩色图进行像素配准,以方便获取彩色像素对应的深度值。进行像素配准的本质是求取一个变换矩阵 W' 使得彩色图像和深度图像对应点的坐标在公式(6-15)上成立[118],

$$\begin{bmatrix} u_{\mathrm{c}} \\ v_{\mathrm{c}} \\ 1 \end{bmatrix} = W' \begin{bmatrix} u_{\mathrm{d}} \\ v_{\mathrm{d}} \\ 1 \end{bmatrix} \tag{6-15}$$

式中，$[u_{\mathrm{c}} \quad v_{\mathrm{c}} \quad 1]^{\mathrm{T}}$、$[u_{\mathrm{d}} \quad v_{\mathrm{d}} \quad 1]^{\mathrm{T}}$ 分别为彩色相机和深度模块采集到的图像同一个点的坐标值。W' 为 4×4 的变换矩阵，包含了彩色相机和深度模块的内参和两相机光心之间的外参。

通过参考上文的相机标定原理可以得相机坐标到图像的坐标变换公式为：

$$z_{\mathrm{c}} \begin{bmatrix} u_{\mathrm{c}} \\ v_{\mathrm{c}} \\ 1 \end{bmatrix} = \begin{bmatrix} f_{xc} & 0 & c_{xc} & 0 \\ 0 & f_{yc} & c_{yc} & 0 \\ 0 & 0 & 1 & 0 \end{bmatrix} \begin{bmatrix} x_{\mathrm{c}} \\ y_{\mathrm{c}} \\ z_{\mathrm{c}} \\ 1 \end{bmatrix} \tag{6-16}$$

为了方便计算，公式（6-16）中的变换等价于（6-17）：

$$z_{\mathrm{c}} \begin{bmatrix} u_{\mathrm{c}} \\ v_{\mathrm{c}} \\ 1 \\ 1/z_{\mathrm{c}} \end{bmatrix} = \underbrace{\begin{bmatrix} f_{xc} & 0 & c_{xc} & 0 \\ 0 & f_{yc} & c_{yc} & 0 \\ 0 & 0 & 1 & 0 \\ 0 & 0 & 0 & 1 \end{bmatrix}}_{R_{\mathrm{c}}} \begin{bmatrix} x_{\mathrm{c}} \\ y_{\mathrm{c}} \\ z_{\mathrm{c}} \\ 1 \end{bmatrix} \tag{6-17}$$

因此图像坐标系到相机坐标系的变换表示为：

$$\begin{bmatrix} x_{\mathrm{c}} \\ y_{\mathrm{c}} \\ z_{\mathrm{c}} \\ 1 \end{bmatrix} = z_{\mathrm{c}} R_{\mathrm{c}}^{-1} \begin{bmatrix} u_{\mathrm{c}} \\ v_{\mathrm{c}} \\ 1 \\ 1/z_{\mathrm{c}} \end{bmatrix} \tag{6-18}$$

将变换矩阵 W' 带入公式即可获得：

$$z_{\mathrm{c}} R_{\mathrm{c}}^{-1} \begin{bmatrix} u_{\mathrm{c}} \\ v_{\mathrm{c}} \\ 1 \\ 1/z_{\mathrm{c}} \end{bmatrix} = z_{\mathrm{d}} W' R_{\mathrm{d}}^{-1} \begin{bmatrix} u_{\mathrm{d}} \\ v_{\mathrm{d}} \\ 1 \\ 1/z_{\mathrm{d}} \end{bmatrix} \tag{6-19}$$

由于彩色图和深度图测量的是同一场景，采集相同物体到镜头的距离应该是相等的，考虑安装误差和传感器噪声等因素，z_{c} 近似等于 z_{d} [119]，通过标定得到的转换矩阵可以看出两摄像头的深度误差较小可以忽略，因此将公式（6-19）转化为：

$$\begin{bmatrix} u_{\mathrm{c}} \\ v_{\mathrm{c}} \\ 1 \\ 1/z_{\mathrm{c}} \end{bmatrix} = \underbrace{R_{\mathrm{c}} W' R_{\mathrm{d}}^{-1}}_{w} \begin{bmatrix} u_{\mathrm{d}} \\ v_{\mathrm{d}} \\ 1 \\ 1/z_{\mathrm{d}} \end{bmatrix} \tag{6-20}$$

将 $R_{\mathrm{c}} W' R_{\mathrm{d}}^{-1}$ 定义为 $W = \begin{bmatrix} r_{11} & r_{12} & r_{13} & r_{14} \\ r_{21} & r_{22} & r_{23} & r_{24} \\ r_{31} & r_{32} & r_{33} & r_{34} \\ r_{41} & r_{42} & r_{43} & r_{44} \end{bmatrix}$ 将 W 带入公式即可获得深度图与彩色图

配准的公式,如公式(6-21),将深度图中每一像素点经过公式变换并将未与彩色图对应的像素点舍去后即得到:

$$\begin{cases} u_c = r_{11} \times u_d + r_{12} \times v_d + r_{13} + r_{14} \times \dfrac{1}{z_d} \\ v_c = r_{21} \times u_d + r_{22} \times v_d + r_{23} + r_{24} \times \dfrac{1}{z_d} \end{cases} \tag{6-21}$$

通过同时采集深度和彩色相机的标定靶的图像对两相机进行联合标定,即可计算两相机之间的变换矩阵:

$$\begin{cases} 0.999\ 853 & -0.003\ 403\ 88 & 0.016\ 749\ 5 & 1.256\ 2 \\ 0.003\ 002\ 06 & 0.999\ 708 & 0.239\ 986 & 45.221\ 2 \\ -0.016\ 825\ 7 & -0.023\ 945\ 9 & 0.999\ 571 & 3.992\ 6 \\ 0 & 0 & 0 & 1 \end{cases} \tag{6-22}$$

6.5.2　深度相机对齐

通过求得的两相机变换矩阵,将深度图中的像素点变换到与彩色图相对应的图像中,便于计算机读取彩色像素点对应的深度信息。为验证去畸变与彩色图深度图配准对齐的效果,本书选取了普通场景下电脑桌和矿井皮带输送机两个场景进行验证。分别在两场景中选定一帧图像进行去畸变与对齐操作。

（1）普通场景配准效果

普通场景选取电脑桌上屏幕部分作为验证的图像,图 6-10 为在电脑桌上同一地点,同一时间采集到的彩色图和深度图像信息,经过图像去畸变和彩色图深度图配准前后的照片对比图,为了突出对比效果将深度图像进行了二值化处理,通过将对齐前后的深度图与彩色图进行对比可以看出深度图和彩色图的配准效果。

图 6-10 中的图像为电脑桌面场景中选取的代表图像,由图中深度图和彩色图的对应关系可以看出,在未配准之前彩色图与深度图有着明显的像素不对应情况,在彩色图中,右侧电脑屏幕并未完全出现在图像中,左侧笔记本在图像中仅占有大约 1/3 的部分,而在未配准前的深度图像中采集到了右侧整个电脑屏幕,左侧的笔记本在图像中占有大约 2/3,且相对彩色图的拍摄位置而言,未配准之前的深度图视角更大,拍摄到的信息明显多于彩色图像采集到的信息,经过配准后的深度图像与彩色图像之间的对应关系明显升高,像素之间呈现一一对应的关系。生成对应的点云图可使结果更加直观,图 6-11 为根据匹配前后深度图与彩色图生成对应的点云。

配准后的点云数据相对配准前的点云数据物体轮廓更加清晰。在电脑桌面环境中由于深度图与彩色图的像素点并未一一对齐,导致配准前数据生成的点云中彩色图像的电脑屏幕的黑色部分赋值给了墙面,配合深度信息导致生成的点云图中电脑屏幕产生撕裂且墙面颜色并不准确,与实际环境并不相符。由配准后的数据生成的点云数据由于进行了像素对齐,电脑屏幕并未产生割裂感,墙面颜色正常,与实际环境一致。

（2）矿井场景配准效果

矿井场景选取了真实矿井环境下的皮带输送机数据进行验证,图 6-12 为皮带输送机旁同一地点、同一时间采集到的彩色图和深度图像信息经过图像去畸变和彩色图深度图配准

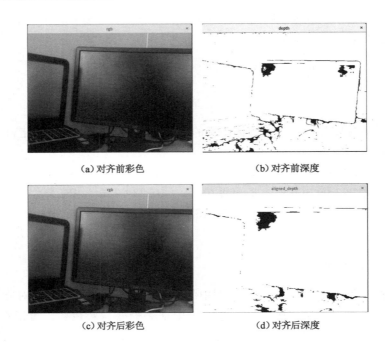

（a）对齐前彩色　　　　　　　　　　（b）对齐前深度

（c）对齐后彩色　　　　　　　　　　（d）对齐后深度

图 6-10　普通场景彩色图与深度图配准效果对比

（a）实物图　　　　　　　（b）配准前点云数　　　　　　　（c）配准后点云数

图 6-11　普通场景配准前后点云数据对比

前后的照片对比图。由配准前后的深度图和彩色图之间的对比可以看出，输送机支架之间的位置关系存在明显不对应的情况，在彩色图像左下角部分只采集到了皮带滚筒支架的一部分，且底座安装在地面上的支架距离镜头近，未配准前的深度图与彩色图视角不同，采集到了左下角的皮带滚筒支架的全部信息，底座安装在地面上的支架距离镜头稍远。配准后的深度图彩色图视角基本一致，深度相机相对彩色相机的图像中间经过了平移和旋转变换并进行适当

　　裁剪，经过去畸变和配准操作后的深度图的信息与彩色相机采集到的信息较为接近，相比配准前有了明显改善。

　　配准后的深度图和彩色图与配准前相比，其像素间的对应关系有了明显改善，配准后的数据可以在后文的应用提供一个准确的原始数据，基于配准前后的传感器数据生成的点云数据也存在差异。图 6-13 是皮带输送机场景基于配准前和配准后的图像数据生成的点云

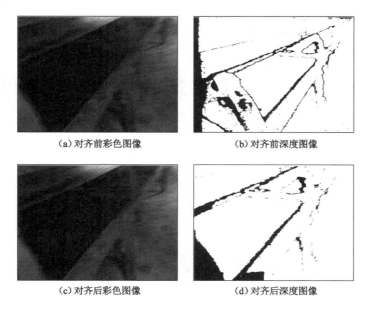

（a）对齐前彩色图像　　　　　　　　（b）对齐前深度图像

（c）对齐后彩色图像　　　　　　　　（d）对齐后深度图像

图 6-12　矿井场景彩色图与深度图配准效果对比

数据。

（a）皮带输送机场景　　　　　（b）配准前点云数　　　　　（c）配准后点云数

图 6-13　配准前后点云地图对比

图 6-13 中可以看出,在皮带输送机场景中未配准的数据生成的点云在支撑腿、皮带等部位均产生了撕裂感。由配准后的数据生成的点云与真实环境一致。因此,对深度相机数据进行预处理是很有必要的,经去畸变彩色深度图配准后图像像素点可以做到一一对齐,生成的点云数据与真实环境一致,为之后的研究提供一个真实有效的数据。

第 7 章　基于深度相机数据位姿估算

7.1　引　　言

　　经预处理后的彩色图与深度图可以生成单帧的点云数据。如果可以获取每一帧点云数据之间的相对位置关系，就可将深度相机数据按相互的位置关系进行拼接处理生成对应环境的三维重构模型。因此建立矿井机器人运动场景模型的重要一步是获取深度传感器各帧坐标系之间的变换关系。主要讨论基于预处理后的深度相机数据估计对应帧的位姿，以获取针对视频流中逐帧的位姿信息。为减小系统解算压力，选取一些具有代表性的特征帧和其对应的位姿信息，为后续位姿信息进一步处理做好准备。

7.2　位　姿　估　算

　　为了实现由彩色视频流和深度视频流估算相机的位姿，需要建立相邻图像之间共同点的对应关系，通过相邻帧对应点的像素相对位移估算出相机的运动过程。类似于人在陌生环境中建立周围环境记忆的过程。在没有先验知识的情况下，人通过眼睛扫描视角范围内环境的信息，以这些信息分辨周围物体的尺寸和所在位置等信息；人通过眼睛位置的改变获取其他未知信息直至周围环境均被扫描一遍，并以此形成对周围环境的印象，其本质是将不同时刻眼睛扫描到的信息通过大脑进行拼接形成环境信息。图 7-1 中（a）和（b）分别为矿井巷道环境中采集到的两幅图像。人通过这两幅图像中标识牌、铁轨等参照物的相互位置即可判断出相机由第一幅图到第二幅图做了什么样的运动；结合图像与图像之间的运动，人可以建立对应环境的印象。

　　计算机进行位姿估算过程是通过摄像头采集环境信息，然后用电脑实时处理不同时刻采集到的视频信息，寻找相邻两幅图像中共同点在两幅图像中的位置，然后通过分析相同物体在不同图像中的位置关系建立对应的空间位姿方程就可以确定相机的运动过程。类比人的处理过程，计算机也需要寻找并关联相邻图像中的"参照物"，通过"参照物"的位移估算出相机连续运动过程中的位姿变化。这些"参照物"为图像之间存在的共同的像素区域。这些像素区域不因位移、光照、尺度、视角等的微小变化而失去一致性，这些区域被称为特征[120]。图 7-2 为计算机位姿估算示意图。

　　图 7-2 对应于图 7-1 矿井巷道中连续采集的两幅图像进行示意说明，其中绿色部分对应着图 a 中的数据信息，绿色的点为图 a 中提取的特征点，红色部分对应着图 b 中的数据信息，红色的点为图 b 中提取的特征点。黄色的线为将图 a 和图 b 中提取到的特征点相互匹配的结果，在这一过程中计算机通过特征的提取与匹配实现"参照物"的寻找和关联。通过

（a）前一帧图像　　　　　　　　　　　　（b）后一帧图像

图 7-1　矿井巷道中连续采集的两幅图像

图 7-2　计算机位姿估算示意图

匹配结果的线条可以看出相机由图 7-2(a)所示的位置至图 7-2(b)所示的位置的大概运动趋势为向左上角的旋转运动。通过结合这两幅图像的深度信息即可估算相机具体的运动轨迹。

计算机通过提取不同图像的特征并比对特征的一致性建立图像中相同空间点的联系，这对视觉的位姿估算非常重要。图像的特征点主要分为点特征、线特征和面特征。其中点特征由于具有提取方便，应用范围广等优点而被广泛应用于特征匹配领域。但考虑到矿井井下环境纹理较为单一，点特征在纹理变化不明显的矿井下应用效果较普通环境的局限性大。如图 7-3 所示，采用以点特征为主、线特征为辅，点线特征相互结合的特征提取匹配方法。在对 Realsense D435 采集到的相邻帧彩色图像进行特征提取与匹配操作后，结合对应的深度图像通过建立对应的数字模型对该过程进行位姿估算。

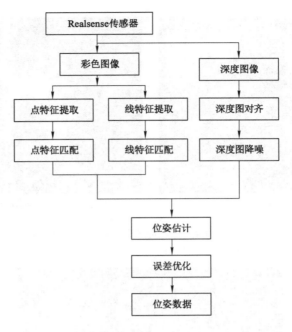

图 7-3 点线特征估算位姿流程图

7.3 特征提取与匹配

7.3.1 点特征提取

点特征在视觉信息处理中是最常用的一种特征,在纹理变化明显的环境中具有较强的鲁棒性。点特征可以提取图像中角点、边缘和区域类的特征点。点特征由关键点和描述子两部分组成。关键点主要表示特征点在图像中的位置、方向信息。描述子主要描述特征点周围的特征信息,通常可以用 N 维向量表示。描述子的作用主要是方便后续进行特征匹配的工作。目前常用的特征点提取方法是基于亮度变化值提取点特征,并计算点特征对应的描述子。如图 7-4 所示图像中特征点常出现的位置包括图像的角点、边缘以及区块等两侧亮度值变换较为明显的区域。

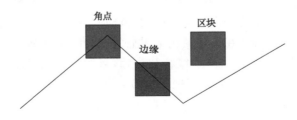

图 7-4 常见图像特征

点特征的提取算法主要有 SIFT、SURF 和 ORB。① SIFT(Scale-invariant feature transform, SIFT),即尺度不变特征变换,是用于图像处理领域的一种描述[121]。这种描述具有尺度不变性,可在图像中检测出关键点,是一种局部特征描述子。SIFT 特征更加注重对物体局部外观的细节特征进行提取。物体的位置和大小等要素发生变化对 SIFT 提取结果影响不大。SIFT 特征对视角的轻微改变、光线亮度的变化、噪声的有无等因素较为敏感。SIFT 特征在物体分割物识别方面有广泛的应用。② ORB(Oriented FAST and RotAPEd BRIEF)是一种快速特征点提取和描述的算法。ORB[122] 特征是将 FAST 特征点的检测方法与 BRIEF 特征描述子结合起来,并在原来的基础上做了改进与优化。得益于 FAST 检测特征点和 BRIEF 计算描述子的高效性,ORB 特征最大的特点就是在保证了特征提取准确性的基础上具有更高的效率。③ SURF 算法(Speeded-Up Robust Features)的算子在保持 SIFT 算子优良性能特点的基础上,同时对 SIFT 计算复杂度高、耗时长的缺点进行了优化。

在采集过程中,深度相机不同时间的位姿间相差一个平移变换和一个旋转变换。其中平移变换反映到采集图像中的差距主要为图像间的平移和缩放。旋转变换反映到采集图像中的差距主要为图像间的旋转与切向畸变,同时考虑环境光线的变化对特征提取匹配过程的影响。为了选择更适合的特征提取匹配方法,对图 7-1(a)所示的图像分别进行提升 20% 亮度、20°旋转、5/6 缩放、剪切、保留畸变和添加椒盐噪声六种变换后,提取 SIFT、ORB 和 SURF 三种特征点并与原图进行特征匹配,其具体对比情况如图 7-5 所示。

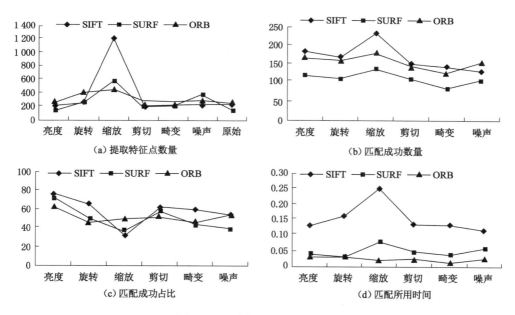

图 7-5　三种特征提取方法对比

图 7-5(a)所示为图 7-1(a)经变换后和原图中提取到特征点的数量,横坐标分别对应六种变化,纵坐标为提取到的特征点的个数。图 7-5(b)所示为经六种变换后的图像与原图成功匹配的特征点个数,其中横坐标对应六种变换,纵坐标对应匹配成功的特征点个数。图 7-5(c)所示为经六种变换后匹配成功的特征点数量占所有提取到的特征点数量的比例,其中横坐

标对应六种变换,纵坐标对应为百分数表示的成功匹配特征点数量的占比。图 7-5(d)所示为六种变换后匹配过程所用的时间,其中横坐标对应六种变换,纵坐标对应时间。

由图 7-5 中数据可以看出,在提取特征点数量方面,三种算法并无明显差别,各算法在处理后图像与原始图像中特征点提取数量基本一致,但 SIFT 算法在对原图进行缩放后提取的特征点数量明显多于其余两种算法的。在匹配成功数量方面,SIFT 算法优于其余两种算法——SURF 算法最少,ORB 算法处于中间位置,其中 SIFT 算法在经缩放后的匹配成功数量最高。在匹配成功占比方面较为复杂,总体上 SIFT 算法优于其余两种算法,其余两种算法各有优势。在亮度变化、旋转后和剪切后,SURF 算法优于 ORB 算法。在进行缩放后、保留畸变和添加椒盐噪声后,ORB 算法优于 SURF 算法。尤其是在进行缩放后,ORB 和 SURF 算法的效果优于 SIFT 算法的效果。在提取消耗时间方面,ORB 提取所用时间最少,时间明显低于 0.05 s;SURF 用时在 0.05 s 左右;SIFT 用时最长,平均在 0.2 s 左右。SIFT 算法提取到的特征点数量最多,尤其是在对图像进行缩放后。在特征点数量较大的情况下,SIFT 算法匹配成功的数量也是最多的,这增加了该算法的处理时间。但在匹配成功占比中可以看出,SIFT 算法匹配成功的占比在进行缩放变换中是最小的,并不能提高匹配成功的概率。

通过对试验数据进行综合分析,SIFT 算法的鲁棒性明显优于 SURF 算法和 ORB 算法的。SURF 算法和 ORB 算法鲁棒性较为相似,适用环境各有所长。考虑到矿井环境光照较为恒定以及前期对数据的降噪去畸变处理,光照变化、噪声对特征提取及匹配影响不大,主要影响因素包括相机运动过程中的平移、缩放和旋转,同时考虑到实时性对系统的影响,故选用在旋转和缩放方面鲁棒性较优且效率最高的 ORB 算法作为点特征的提取算法。

ORB 算法是在 FAST 算法的基础上进行改进得到的,采用 BRIEF 描述子对特征点进行描述,在保持 FAST 关键点速度优势的前提下引入了图像金字塔和灰度质心法来描述特征点的缩放尺度和旋转角度[122]。因此 ORB 特征点提取分为以下三步。

(1) 提取 FAST 角点

FAST 角点提取较为简单,只考虑图像中像素亮度大小比较并不涉及亮度的梯度和尺度的计算;其基本思路将与其周围像素的亮度差距较大的点定义为一个角点如图 7-6 所示,像素点 p 满足像素提取条件即为提取到的 FAST 角点。FAST 角点具体提取方法如下:

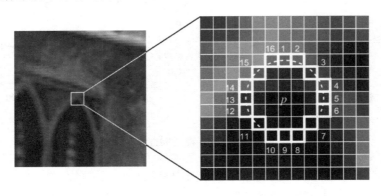

图 7-6 FAST 角点提取示意图

① 选定图像上的某一像素点 p，记录下它的亮度值 I。

② 将该点像素的亮度的 20% 作为阈值 T 来分辨是否为角点。

③ 以像素点为圆心，半径为 3 个像素画圆，圈定像素周围的 16 个临近像素点。

④ 如果选定的 16 个临近像素点上有连续出现的 9 个像素点的亮度值 I_i 满足以下条件，就判定为一个角点。

$$|I_i - I| \geqslant T \tag{7-1}$$

⑤ 循环以上四步，遍历所有符合条件的图像内点，找出所有的 FAST 角点。

（2）构建图像金字塔和定义特征点正方向

为了保证特征点具有尺度不变性，需构建图像金字塔并在每层金字塔分别提取特征点。图 7-7 为图像金字塔的示意图。其中 Level 0 为原始图像，Level 1 为 Level 0 进行固定倍率的缩放后的图像，Level 2 为 Level 1 进行固定倍率的缩放后的图像，以此类推便可获取不同分辨率的图像。较小分辨率图像与从远处拍摄的图像等价，通过对不同层的图像分别提取 FAST 角点可以获取图像中同一特征由远及近过程中的角点，即获得了尺度不变性。

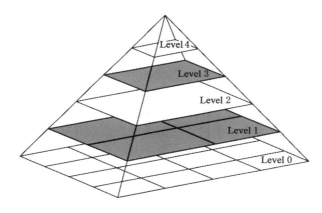

图 7-7　图像金字塔示意图

利用灰度质心定义特征点的正方向使特征点具有旋转不变性[122]。灰度质心法通过构建图像中心到灰度中心的方向向量定义特征点的方向。定义特征点正方向的具体步骤如下：

① 计算图像块的矩。

$$m_{ij} = \sum_{x,y \in C} x^i y^j I(x,y) \quad p,q = \{0,1\} \tag{7-2}$$

式中，$I(x,y)$ 是坐标 (x,y) 处像素点的灰度值。

② 计算特征点的灰度中心。

$$C = \left(\frac{m_{10}}{m_\infty}, \frac{m_{01}}{m_\infty} \right) \tag{7-3}$$

③ 将图像的几何中心和灰度中心连接起来，将特征点的方向定义为：

$$\theta = \arctan(m_{01}/m_{10}) \tag{7-4}$$

（3）提取 BRIEF 描述子

图像提取角点后还需要计算角点对应的描述子。描述子对之后的特征匹配起着至关重要的作用，是视频流帧与帧之间同一特征点的关联标识，后续将通过计算描述子之间的距离对同一特征点进行匹配。ORB 使用加入特征点方向因素后的 BRIEF 描述子对特征点进行描述。BRIER 是一种二进制描述子,由 N 维二进制向量组成。每维数据只由 0 或 1 组成。向量中的取值由关键点附近特定位置的像素点对集合 $\{(p_i,q_i)\}$ 决定。若 $p_i > q_i$,则该维数据取 1,反之取 0。BRIEF 通常位数取 128 位,但没有旋转不变性。在考虑 ORB 特征点的方向后,改进后的 BRIEF 描述子提高了图像旋转后的鲁棒性[123]。以提取到的角点为中心,依据如下原则对特征点附近的特定的像素点对进行比对形成最终的二进制编码。

$$\tau(p;x,y) = \begin{cases} 1, p(x) < p(y) \\ 0, p(x) \geqslant p(y) \end{cases} \tag{7-5}$$

从以上步骤可以看出,第(1)步中 FAST 特征点是提取像素周围亮度变化大的像素点作为角点。这样提取出来的角点会出现聚集的现象,其原因是亮度变化大的区域通常集中在物体边缘等纹理丰富的地方[124]。但图像中亮度变化不大的区域占比较大,图像中大部分亮度变化不大的区域面临着提取不到角点的情况,这通常不利于建模系统的稳定性。当传感器向无角点方向运动时,特征点数量不足,致使进行运动估计时估计不准确甚至追踪失败,进而导致建模失败。为了解决 ORB 特征点所存在的缺点,通过对 ORB 特征提取过程中的第(1)步进行改进,将 FAST 判断变为依据角点的阈值进行分区域选定。在亮度值变化大的区域提高对应阈值以减少该区域角点的密度,在亮度值变化小的区域降低对应阈值以提高该区域角点的密度,实现角点在整张图像上的均匀化。通过改进算法使阈值的具体值与不同区域内灰度的变化关联,均匀化特征点的提取过程,其具体改进步骤如下:

① 选定一个低阈值 T',并以 ORB 特征点判断方法遍历选取所有符合的特征点。

② 将图像以长宽的中点为边对图像进行四等分并剔除没有角点的部分。

③ 判断分割部分个数是否大于特征点个数的最低要求。

④ 若不满足条件③,则将第②步中生成的每一部分作为单独的图像分别重复步骤②;若满足条件③,则进入下一步骤。

④ 将每一部分中 $|I_i - P|$ 最大的角点保留,其余删除。

改进 FAST 角点提取算法流程图如图 7-8 所示。

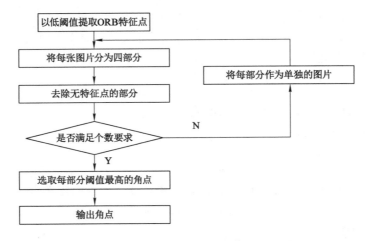

图 7-8　改进 FAST 角点提取算法流程图

假设经 3 次循环后即满足要求时,每步所产生的中间数据如图 7-9 所示。在图 7-9 中,点代表提取的角点。图 7-9(a)为原始图提取的所有角点,图 7-9(b)为经第一次分割后产生的四幅图像。图 7-9(c)代表第二次分割,又号代表无特征点去除的部分。图 7-9(d)代表第三次分割,有特征点的部分即为剩余的部分。图 7-9(e)为最终输出的结果。在每一部分中分别选取阈值最高的点作为最终结果。

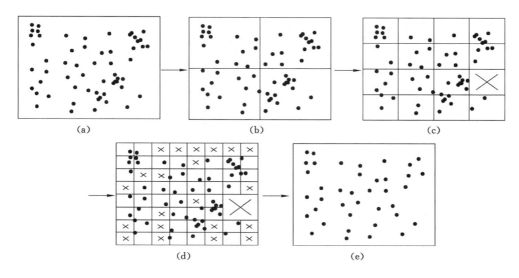

图 7-9　FAST 角点均匀化提取步骤

通过上述操作可以将每一部分中满足条件且阈值最高的点选取出来。通过改进的算法可以使阈值在不同的区域有不同的取值。在纹理变化较弱的地方,选取小于普通 ORB 特征点提取的阈值以保证在不容易提取到角点的地方也可以提取到角点。通过均匀化处理可以使图像提取的角点较之前更加均匀。ORB 特征点改进前后均匀性对比示例如图 7-10 所示。

图 7-10(a)和(b)为走廊场景 ORB 算法改进前后特征点提取的效果对比。由图 7-10(a)可以看出,由于走廊远处有透过窗户的自然光使得窗户附近亮度变化较大,提取到的特征点在光照附近聚集,在图像其余地方提取到的特征点数量明显不足。而经改进后 ORB 算法提取到的特征点数量并未出现聚集的现象。

图 7-10(c)和(d)为活动室场景 ORB 算法改进前后特征点提取的效果对比。由图 7-10(c)可以看出,环境中桌子的存在使得改进前提取到的特征点聚集在桌子的边缘位置,在图像其余地方提取到的特征点数量明显较少。而经改进后 ORB 算法提取到的特征点数量并未出现聚集的现象。

图 7-10(e)和(f)为巷道场景 ORB 算法改进前后特征点提取的效果对比。由图 7-10(e)和(f)可以看出,改进前 ORB 算法提取到的特征点在光源附近与物体边缘处聚集,图像其余部分的特征点数量较少,而经改进后 ORB 算法提取到的特征点数量并未出现聚集的现象。

由图 7-10 分析可得,在算法未改进之前图像提取到的特征点均在灰度变化最为明显的地方。对于灰度变化越明显的地方,附近的特征点越多。这种特点无法通过增加提取特征点的数量或者降低阈值的方法来解决,这与 ORB 特征点的提取算法逻辑有关。经过均匀

（a）改进前走廊场景　　　　　　　　（b）改进后走廊场景

（c）改进前活动室场景　　　　　　　（d）改进后活动室场景

（e）改进前巷道场景　　　　　　　　（f）改进后巷道场景

图 7-10　ORB 特征点改进前后均匀性对比示例

化提取，在 ORB 算法改进后的图像中提取到地特征点几乎均匀地分布在图像的所有区域，可以降低因特征分布不均匀而带来的位姿估算条件不足发生的可能性。ORB 算法改进后，图像特征的提取时间由平均每帧 25.3 ms 增加到 32.2 ms，图像特征提取时间略有增长但仍可满足实时性要求。在特征匹配改进的 ORB 算法时，准确率也可以满足要求。

7.3.2　线特征提取

虽然点特征应用较为广泛，但是在低纹理区域采集到的特征点匹配性差甚至无法采集到对应的特征点，容易出现跟踪失败、估算误差较大等问题。而相比而言，光照变化、运动变化等对线特征的影响较小。线特征在低纹理区域特征提取的表现要优于点特征的。因此可以提取线特征作为对点特征的一个补充。点特征提取、线特征提取各自提取的特征重点不同。其中点特征提取主要提取图中的拐点、斑点等点状特征；而线特征则以物体的线性边缘特征为主,包含图像中的部分几何信息。点特征和线特性可以形成互补关系。

目前主流的线特征提取算法主要有 Hough_line、Edlines、LSD、LSWMS 等。① Hough_line 是一个检测间断点边界形状的算法。该算法通过霍夫变换将图像坐标空间变换到参数空间来实现直线与曲线的拟合提取特征[125]。② Edlines 是一个快速、无参数的线特征提取算法。该算法同样基于霍夫变换来提取特征,通过亥姆霍兹原理控制错误检测的数量[126]。③ LSD 通过局部分析得出图中线特征像素的点集,通过假设参数、验证求解,将像素点集合与误差控制集合合并自适应的控制误检数量,与霍夫变换相比步骤简单,提取效率高[127]。④ LSWMS 使用加权均值偏移的线段来提取线特征[128]。

为选择合适的线特征提取算法,分别使用上述四种算法对井巷进行线特征提取。井巷线特征提取时间与提取数量的对比如表 7-1 所示。不同算法时井巷线特征提取结果对比如图 7-11 所示。

表 7-1　线特征提取对比

	Hough_line	Edlines	LSD	Lswms
提取数量/个	247	135	625	632
提取时间/ms	72.4	9.45	65.23	116

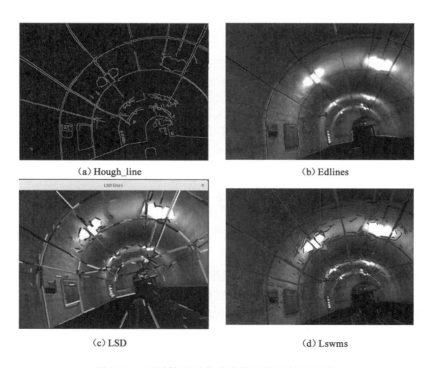

（a）Hough_line　　　　（b）Edlines

（c）LSD　　　　（d）Lswms

图 7-11　不同算法时井巷线特征提取结果对比

结合表 7-1 中的数据可以看出,Hough_line 算法提取到了 247 个特征点,用时 72.4 ms。Edlines 算法提取到了 135 个特征点,用时 9.45 ms。LSD 算法提取到的线特征数量最多,算法提取到了 625 个线特征,用时 65.23 ms。LSWMS 算法提取到了 612 个线特征,用时 116 ms。LSD 算法提取到的特征点数最多且在与 LSWMS 算法提取到的特征点的基础上用时较少,因此选取 LSD 算法作为线特征的提取方式。

通过线特征提取与点特征提取结果对比可以看出,点特征提取主要提取图像中点灰度变化大的点特征,在图像中线特征提取处周围虽然提取出了点特征,但是点特征数量较少,在有些地方甚至没有提取到点特征。由线特征提取结果可以看出,在物体轮廓、颜色突变交界处、地面墙面交接处等明显有线特征的地方,线特征提取时提取到的特征比点特征提取时的更加清晰。但在总体上线特征提取到的特征点数量明显低于点特征提取到的特征点数量。在无明显颜色变化交界处,线特征提取时提取到的特征点数量不如点特征提取时的多。因此在矿井环境下点特征和线特征可以形成良好的互补。在图像中尽量提取到更多、更可靠、更均匀的对应特征点。

LSD 线特征提取算法主要的思路是寻找图中像素点位置相邻且梯度方向相似的像素点集,将梯度方向相近的点合并为特征位置。首先对图像进行降采样数量处理以降低数据量,用高斯滤波去除噪声干扰,计算图中所有像素点的梯度值,将所有像素的梯度组成图像的梯度场。然后将梯度方向近似的像素点进行合并,在图像中建立局部的线段支持域。最后实现线特征的提取。LSD 线特征的提取步骤[129]如下:

① 对图像进行高斯滤波和降采样数量处理,以减小图像的锯齿效应。

② 按照式(7-6)计算输入图像中每个像素点处的梯度值和梯度方向。

$$
\begin{cases}
g_x(x,y) = \dfrac{i(x+1,y) + i(x+1,y+1) - i(x,y) - i(x,y+1)}{2} \\
g_y(x,y) = \dfrac{i(x,y+1) + i(x+1,y+1) - i(x,y) - i(x+1,y)}{2} \\
G(x,y) = \sqrt{g_x^2(x,y) + g_y^2(x,y)} \\
\theta(x,y) = \arctan\left[-\dfrac{g_x(x,y)}{g_y(x,y)}\right]
\end{cases}
\tag{7-6}
$$

式中,$i(x,y)$ 是坐标 (x,y) 处像素点的灰度值;$g_x(x,y)$ 和 $g_y(x,y)$ 是 (x,y) 处沿 x 轴和 y 轴方向的方向梯度;$G(x,y)$ 是 (x,y) 处的梯度值;$\theta(x,y)$ 是 (x,y) 处的梯度方向。

③ 按照像素的梯度值对像素点进行排序,建立状态链表,将所有像素点坐标标记为 0,以表示未提取出特征的区域。

④ 将梯度值最大的点作为种子点(seed),种子点的梯度方向定义为线特征支持域的方向。

⑤ 在种子点的像素坐标邻域内,将所有像素中满足其梯度方向与种子点的梯度方向差值小于阈值的像素点加入支持域并以相同的规则向外区域扩散,对最终的区域进行矩形拟合。矩形内的像素点坐标标记为 1,以表示提取出特征的区域。

⑥ 将所有的种子点都进行第⑤步操作,提取图中所有的线特征。

7.3.3 点线特征匹配

点线特征匹配最终的目的是通过比较不同的点、线特征的相似度来确定同一特征。点线特征匹配的准确性和实时性对后续处理至关重要。经过特征匹配可以在前后两帧图像间建立特征关联,进而通过关联的特征点对间的空间位置关系估算相机的位姿。特征的相似度是通过特征描述之间的距离大小来判断。距离越小,特征的相似度越高,两特征为同一特征点的概率越大[130]。常见用于特征匹配的距离定以包括欧氏距离和汉明距离两种。距离的计算方式可以通过特征描述子的类型选择。通常浮点型的描述子采用欧氏距离描述,二进制类型的描述子采用汉明距离描述。设 $A=(a_1,a_2,\cdots,a_n)$、$B=(b_1,b_2,\cdots,b_n)$ 分别为图像上的两个特征的描述子。A、B 两个特征的欧式距离可由公式(7-7)计算得到。

$$d(A,B)=\sqrt{\sum_{i=1}^{n}(a_i-b_i)^2} \tag{7-7}$$

汉明距离定义为二进制向量对应位置数据不相同的位数。例如,二进制向量 1010010 和 1101011 共有 4 位数据不相同,汉明距离即为 4。

常用的特征匹配方法有暴力法(Brute Force,BF)、快速近似最近邻法(Fast Library for Approximate Nearest Neighbor,FLANN)等。暴力法的实现原理最为简单,将匹配帧图像中的一个特征点与被匹配帧图像中的所有特征点逐一进行距离计算,将距离值最小的特征点作为匹配结果,对匹配帧中所有的特征点都进行特征匹配,即可得到最终的匹配结果。在需要进行匹配的特征点数量较多时,暴力法匹配的计算量会因需匹配数量的增多而增大,进而拖慢处理时间。因暴力法选取的是距离最近的两特征作为匹配后的特征点对,每个特征都有其对应的匹配特征,但因此也产生较多的误匹配,需对特征匹配的结果进行误匹配剔除。FLANN 是基于临近搜索的一种匹配算法,效率相对暴力法有一定提升,其采用层次聚类树算法、随机 k-d 树算法、优先搜索 k-means 树算法等方式在像素点附近进行特征匹配,在特征数量较多时 FLANN 的速度较暴力法由明显的提升,精度基本与暴力法一致,但在匹配数量不多时,由于需要提前对特征进行筛选 FLANN 的匹配效率反而不如暴力法,并且还会由于筛选的特征数量少而出现匹配失败的情况。由于本书设置图像中的点特征和线特征数量并不大,且描述子均为 128 维的二进制向量,在矿井巷道环境中提取到的特征数量较普通环境有所减少,因此并不适用于 FLANN 算法对特征进行匹配。

巷道前后两帧数据暴力法特征匹配结果如图 7-12 所示。由图 7-12 可以看出:由于暴力法特征匹配,只计算汉明距离,所以图像中的误匹配特征的数量偏多,匹配结果杂乱无章,正确的匹配结果混杂在误匹配之中且误匹配占正确匹配的比例较高,没有达到特征提取及匹配的目的。

因此需要对匹配算法进行改进,以剔除误匹配。根据视频流的特点,由于前后两帧是在相近的时间内采集的数据,同一特征点在相邻帧的位置变化不大,因此在图像匹配过程中仅在附近区域进行特征匹配(其具体流程为对于在前一帧图像中提取的特征点,在后一帧图像中以半径固定的范围内对该特征点进行匹配)。图 7-13 为对前文中三种场景中选取的图像分别进行点特征和线特征的匹配,可以看出通过在相邻帧图像的附近进行特征匹配可以去除大部分的误匹配,同时点特征与线特征匹配的对应点可以形成互补的关系,匹配得到的位姿连线基本符合图像的运动趋势,进一步保证特征点在图像中的均匀性,为位姿估算过程提供良好的基础数据。

图 7-12　巷道前后两帧数据暴力法特征匹配结果

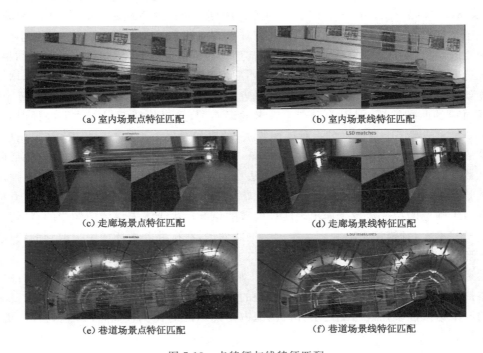

图 7-13　点特征与线特征匹配

7.4　基于改进 PnP 算法位姿估算

　　经过特征提取和特征匹配可以获得图像前后两帧中的像素点的对应关系。在特征匹配后能够在相邻帧之间建立数据关联。帧间位姿估算就是估算视频流前后两帧图像传感器的移动位姿。在特征提取的基础上,获取前后两帧对应的特征点后,可以通过算法计算前后两帧的位姿变换。

7.4.1　PnP 算法介绍

　　PnP(Perspective-n-Point)是用来求解空间中不同时刻 3D 点运动过程的方法[131]，它可以通过已知的 n 个空间点及其在前后两帧中的投影位置估算相机的位置运动。P3P 算法仅使用 3 个点对即可计算出相机的位姿因而被应用广泛。如图 7-14 所示，A、B、C 表示为前一帧特征点中空间点的投影，其空间坐标可由相机模型获得；a、b、c 表示后一帧图像中匹配的特征点。同时 P3P 引进了第四对匹配特征点验证相机位姿的准确性。

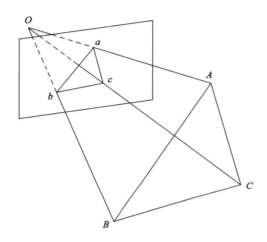

图 7-14　P3P 算法模型

假设相机原点为 O，由图 7-14 可以看出存在以下相似关系：

$$\Delta Oab \sim \Delta OAB$$
$$\Delta Obc \sim \Delta OBC \tag{7-8}$$
$$\Delta Oac \sim \Delta OAC$$

根据余弦定理可以列出以下关系：

$$OA^2 + OB^2 - 2OA \cdot OB \cdot \cos\langle a,b \rangle = AB^2$$
$$OB^2 + OC^2 - 2OB \cdot OC \cdot \cos\langle b,c \rangle = BC^2 \tag{7-9}$$
$$OA^2 + OC^2 - 2OA \cdot OC \cdot \cos\langle a,c \rangle = AC^2$$

等式两边同除以 OC^2，记 $x = OA/OC, y = OB/OC$，式(7-9)简化为：

$$x^2 + y^2 - 2xy\cos\langle a,b \rangle = \frac{AB^2}{OC^2}$$
$$y^2 + 1 - 2y\cos\langle b,c \rangle = \frac{BC^2}{OC^2} \tag{7-10}$$
$$x^2 + 1 - 2x\cos\langle a,c \rangle = \frac{AC^2}{OC^2}$$

记 $v = AB^2/OC^2, uv = BC^2/OC^2, wv = AC^2/OC^2$，代入上式可得：

$$x^2 + y^2 - 2xy\cos\langle a,b \rangle - v = 0$$
$$y^2 + 1 - 2y\cos\langle b,c \rangle - uv = 0 \tag{7-11}$$
$$x^2 + 1 - 2x\cos\langle a,c \rangle - wv = 0$$

可以把 v 表示成 x 和 y 的形式,代入下面两式可得:

$$(1-u)y^2 - ux^2 - \cos\langle b,c\rangle y + 2uxy\cos\langle a,b\rangle + 1 = 0$$
$$(1-w)x^2 - wy^2 - \cos\langle a,c\rangle x + 2wxy\cos\langle a,b\rangle + 1 = 0$$

(7-12)

在式(7-12)中,只有 x 和 y 两个变量是未知的,其余的值都可以通过已知的点求出。式(7-12)是一个关于 x 和 y 的二元二次方程组。利用吴消元法可以对其进行求解,最多可以得到四个解。然后可以利用第四对匹配特征点来进行验证,找出符合要求的解。

7.4.2 改进 PnP 算法

P3P 的求解过程虽然简单,但存在着一些问题。P3P 只用了三对匹配特征点进行计算。通常情况下,特征匹配获得的点对数量往往是比较多的,这样其余匹配特征点的信息就被舍弃。更重要的是,如果选取的匹配特征点中存在误匹配的情况,那么 P3P 算法得出的结果将会是完全错误的。这个问题可以通过结合 RANSAC 算法[132]来解决。RANSAC 算法可以通过不断循环迭代使所有的特征点都参与到试验过程中,以减少信息被舍弃的情况。

RANSAC 算法的主要步骤如下:

① 随机地从所有匹配特征点中选取 3 对匹配特征点来进行计算,得到相机的变换模型。

② 将得到的相机变换模型代入到未参与计算的其他匹配特点中,计算并统计满足此模型的内点数目。

③ 不断重复①、②过程,记录并更新内点数目最大的模型。

④ 迭代一定次数后算法终止,此时得到的模型就是内点最多的模型。

RANSAC 算法能极大提高计算的精度,但往往需要设置一个比较高的迭代次数,这会影响运行效率。针对这个问题,提出一种改进的 RANSAC-PnP 算法。RANSAC-PnP 算法随机地从所有的匹配特征点中选取若干匹配特征点进行计算,忽视了匹配特征点之间的差异性。基于这样一个假设,样本点之间存在着差异,并且样本集合中内点的数量大于外点的数量。对于有 N 个样本点的集合 C_N,可以通过一个评价函数 q 对其进行降序排序。

$$c_i, c_j \in C_N : i < j \Rightarrow q(c_i) \geqslant q(c_j)$$

(7-13)

从排序后的集合中选取前 n 个评价最高的样本组成集合 C_n。定义一次采样 M 的评价为这次采样得到的样本点中评价的最小值。

$$q(M) = \min_{c_i \in M} q(c_i)$$

(7-14)

RANSAC-PnP 算法随机地从集合 C_N 的一个子集中进行采样,这个子集被称为采样集。采样集一开始由 C_N 中评价最高的前 n 个样本点组成,但采样集的大小并不是固定的,而是随着算法的运行不断增大,这样造成的结果就是评价高的样本点会被更早地采样到。

增长函数定义了采样集 C_N 的选取规则。既不能过于乐观的认为根据评价对样本点进行预先排序是值得信赖的,也不能过于悲观地像 RANSAC 算法一样对所有样本一视同仁,必须在二者之间找到一个平衡点。如果知道了每对匹配特征点正确匹配的概率,那么就可以用贝叶斯方法进行计算,在每次采样与测试结束后,重新计算样本中所有匹配点的后验概率,然后就可以对所有的样本点按照后验概率进行排序。但是这个方法存在两个问题。① 匹配概率 $P(c_i)$ 并不是独立的,也没有一个可行的办法来表示它的联合概率。② $P(c_i)$

的估计误差会透过贝叶斯公式进行传播并加重,所以如果一开始根据匹配相似性估计得到的 $P(c_i)$ 的初始值不正确,后验概率将变得毫无价值。

为了在 $P(c_i)$ 与 $q(c_j)$ 之间引入尽可能少的假设,定义单调性为:

$$q(c_i) \geqslant q(c_i) \Rightarrow P(c_i) \geqslant P(c_i) \tag{7-15}$$

因此样本点满足:

$$i < j \Rightarrow P(c_i) \geqslant P(c_i) \tag{7-16}$$

假设用 RANSAC-PnP 算法对集合 C_N 进行了 T_N 次采样,每次采样的大小为 m,那么可以按照式(7-15)对所有的采样进行评价,按降序进行排列。如果这些采样是以降序排序后的顺序得到的,根据式(7-16)的定义,一次采样的质量被定义为这次采样中质量最低的采样点的质量,那么排在前面的采样可以通过对一个更小的 C_N 的子集进行采样得到。记 T_n 为 C_n 的平均样本数。

$$T_n = T_N \frac{\binom{n}{m}}{\binom{N}{m}} = T_N \prod_{i=0}^{m-1} \frac{n-i}{N-i} \tag{7-17}$$

$$\frac{T_{n+1}}{T_n} = \frac{T_N}{T_N} \prod_{i=0}^{m-1} \frac{n+1-i}{N-i} \prod_{i=0}^{m-1} \frac{N-i}{n-i} = \frac{n+1}{n+1-m} \tag{7-18}$$

因此,可以得到 T_{n+1} 的递推公式为:

$$T_{n+1} = \frac{n+1}{n+1-m} T_n \tag{7-19}$$

T_n 个采样的样本点来自 C_n,T_{n+1} 个采样的样本点来自 C_{n+1}。由于 $C_{n+1} = C_n \bigcup \{c_{n+1}\}$,所以 $T_{n+1} - T_n$ 个样本包含 $c_n + 1$ 和从 C_n 采样到的 $m-1$ 个样本点。通常 T_n 的值并不是整数,$T'_m = 1$,那么有:

$$T'_{n+1} = T'_n + [T_{n+1} - T_n] \tag{7-20}$$

增长函数被定义为:

$$g(t) = \min\{n : T'_n \geqslant t\} \tag{7-21}$$

因此在 RANSAC-PnP 算法中,第 t 次的采样由下式定义:

$$M_t = \{c_{g(t)}\} \bigcup M'_t \tag{7-22}$$

其中,M'_t 是一个由 $C_{g(t)-1}$ 随机生成的集合,其大小为 $m-1$。

设置算法的终止条件为:

① 非随机性。I_n 是正确模型内点的概率大于 95%。

② 极大性。存在一个模型有多于 I_n 个内点,并且在经过 k 次采样后仍然没有发现的可能性低于 5%。

通过 RANSAC-PnP 循环终止后的 PnP 算法可以使匹配中可信度大的特征点对全部参与估算过程,避免匹配误差大的点对对估算结果产生过大的影响。

7.4.3　特征帧选取

随着采集时间的增长,采集到的深度图像信息在不断增多,为了系统能够在大规模、大尺度场景下长时间运行,需要在图像序列中选取具有代表性的图像作为关键帧。经过改进的 PnP 算法计算得到的位姿数据,从时间、空间以及图像内容等方面考虑,制订以下条件筛选关键帧。

① 当前帧距上一个参考关键帧，已经过去了 30 帧。

② 当前帧估算的位姿与上一个关键帧估算的位姿相比较，其平移变化大于 0.1 m 或旋转变换大于 10°。

③ 当前帧中有超过 20％的特征点在关键帧中无对应的匹配特点。

④ 当前帧的特征点数量不少于 50 个。

其中，条件①保证了关键帧的时间均匀性，条件②保证了关键帧的空间均匀性，条件③保证了关键帧的图像内容具有一定差异性，条件④保证了关键帧的图像具有一定质量。条件①②③是充分条件，满足其一即可选取为关键帧；条件④是必要条件，必须满足才能选取为关键帧。

7.5 试 验 验 证

为了验证算法的精度，选取欧洲机器人挑战赛数据集对实验算法进行验证。欧洲机器人挑战赛数据集的数据是使用搭载在无人机上的双目相机、IMU 传感器采集得到的。采集场景包括普通房间和工厂。每个场景的采集的数据根据轨迹的复杂程度、运动速度等因素分成了简单、一般、困难三种等级。使用者可以根据不同的使用场景选取不同的数据集进行验证。相对于矿井环境，该数据集是由无人机搭载传感器进行数据采集，轨迹复杂程度更高，同时环境中的可提取的特征信息较多且光照条件充足。本章选取了 MH_02 场景下进行本章算法验证，数据集中包含了由 LEICA 激光追踪器和 VICON 动作捕捉系统记录的实时位置信息，非常适合计算估计轨迹与真实轨迹之间的误差从而得到位姿估计的精度。为适应本书的实验环境，将 EuRoc 数据集中的双目传感器采集到的数据利用三角测距原理进行深度估算，生成对应的深度图，将处理后的数据作为原始数据进行对比实验。

在估算完位姿数据后，将真实位姿与估算位姿进行比较，本书采用慕尼黑理工大学提出的质量评估准则——绝对位姿误差绝对轨迹误差（Absolute Posture Error，APE）[133] 对估算的轨迹进行评估，并分别绘制轨迹在 X、Y、Z 三个坐标轴上的平移差异和绕三个轴旋转的旋转差异，评价准则 APE 主要计算估算位姿与真实位姿之间的绝对距离，可以很好的体现估算轨迹与真实轨迹之间误差，反映估算的精度。在进行估算位姿与真实位姿的坐标对齐之后，将估算位姿的轨迹序列定义为 $\{\hat{T}_1, \hat{T}_2, \cdots, \hat{T}_n\} \in SE(3)$，将真实位姿的轨迹序列定义为 $\{T_1, T_2, \cdots, T_n\} \in SE(3)$。对某一时刻 i，估算位姿为 $\hat{T}_i$，真实位姿为 T_i，则时刻 i 的绝对轨迹误差 APE_i 定义为：

$$APE_i = T_i^{-1}\hat{T}_i \tag{7-22}$$

将全部时刻的绝对轨迹误差的均方根误差（Root Mean Square Error，RMSE）定义为绝对轨迹误差。其公式为：

$$APE_{\text{RMSE}} = \sqrt{\frac{1}{n}\sum_{i=1}^{n} \| \text{trans}(APE_i) \|^2} \tag{7-23}$$

式中，$\text{trans}(APE_i)$ 为 APE_i 中的平移部分。

图 7-15 为改进前后对 MH_02 场景数据集位姿估算精度的对比图。图 7-15(a)、(b)和(c)分别为改进前估算位姿与真实位姿计算出的 APE 值、平移量、旋转量与真实值差距的对

比;图中横坐标为数据集中对应的时间变量。图 7-15(d)、(e)和(f)分别为改进后估算位姿与真实位姿计算出的 APE 值、平移量、旋转量与真实值差距的对比;图中横坐标为数据集中对应的时间变量。

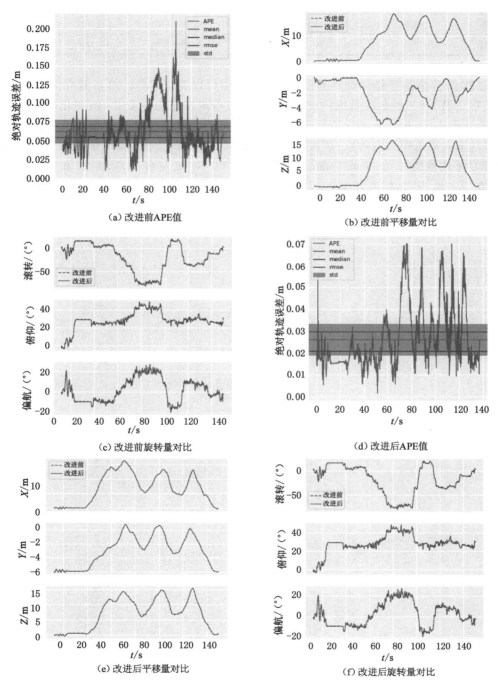

图 7-15　MH_02 场景不同算法位姿精度对比

表 7-2 为改进前和改进后 APE 值的统计量。

表 7-2　MH_02 场景不同算法 APE 精度对比

	最大值/m	中位数/m	平均数/m	最小值/m	$RMSE$/m	标准差
改进前	0.169 552	0.066 003	0.062 495	0.003 330	0.072 997	0.031 179
改进后	0.097 246	0.045 624	0.040 486	0.006 366	0.039 020	0.023 623

通过图 7-15 中的平移量对比图和旋转量对比图可以看出,MH_02 场景在大约 90 s 和 120 s 处有 X、Y、Z 三轴位移数据的突然改变,欧拉角未发生急剧变化,但变化斜率均不大 说明运动速度不大,运动轨迹也不复杂。在此背景下三种算法位姿估计值与真实值之间比 较贴合,且未出现追踪失败的点,两者均可以完成位姿估。但结合表 7-2 中数据可以看出改 进前 APE 平均数均在 0.06 m 左右,APE 中位数在 0.06 m 左右,APE 最大值为 0.169 m, $RMSE$ 在 0.7 m 左右,标准差在 0.03 左右,估算结果的精度低于改进后估算结果,改进后 估算结果 APE 的平均数、中位数、最大值、$RMSE$ 和标准差分别为 0.04 m、0.046 m、0.097 m、 0.039 m、0.023 6,改进后的总体结果要优于改进前的总体结果。

第 8 章　IMU 与深度相机融合优化位姿

8.1　引言

上一章主要研究了基于深度相机数据融合点线特征改进 PnP 算法的方法进行逐帧估算位姿变换,但由于基于视觉的估算位姿存在一些缺陷,如当相机位移过快时可能会由于相邻帧之间匹配到的特征点不足导致追踪失败,当环境存在大量相似的环境特征时可能会导致特征出现误匹配的情况,使得去除误匹配后匹配特征不足导致位姿估算误差变大,当环境没有可以明显提取的特征信息导致无法进行位姿估算等缺点。为了弥补深度相机在上述问题的缺陷,本章采用 IMU 与深度相机数据融合的方式,利用两种传感器可以形成互补特点,提高系统的精确性和鲁棒性。

为了方便对 IMU 的数据进行处理,需要先将传感器数据转化为数学模型,然后基于该数学模型估算传感器的位姿。由第二章的叙述可知,由于 IMU 是基于积分的方法对传感器的位姿进行解算,微小的误差会随采集时间的增长而变大,在短时间内的位姿数据依然具有较高的精度。因此以第三章中采集图像的帧数对应的时间间隔对 IMU 数据进行分割,对间隔之间的 IMU 数据分别进行预积分操作,估算图像关键帧之间的位姿数据,最后通过与第三章解算出的数据融合的方式生成最终的位姿信息,图为本章处理步骤的流程图如下:

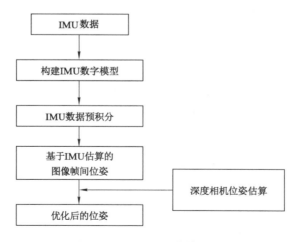

图 8-1　IMU 位姿估算过程

8.2 IMU 数学模型

为了方便的对 IMU 的数据进行处理，需要建立 IMU 的数字模型，通过对数学模型的建立可以将传感器数据转化为数学模型并可以基于该数学模型估算传感器的位姿。AHRS-3000 是由三轴加速度计和三轴陀螺仪组成，其中三轴加速度计可以测量传感器本身的加速度在三个轴上的分量，三轴陀螺仪可以测量传感器的角速度向量在三个轴上的分量，为了方便后续表述，本书对 AHRS-3000 的坐标系定义为在初始状态下，横滚角的轴向正方向为 X 轴正方向，俯仰角的轴向正方向为 Y 轴正方向，偏航角的轴向正方向为 Z 轴正方向，具体定义如图 8-2 所示。

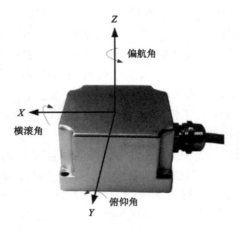

图 8-2　AHRS-3000 坐标系定义

由于传感器本身的测量值存在随机噪声，对加速度计和陀螺仪建立数学模型[134]如下。

$$\begin{cases} \hat{a}(t) = a(t) + b_a(t) + u_a(t) \\ \hat{w}(t) = w(t) + b_g(t) + u_g(t) \end{cases} \tag{8-1}$$

其中 $\hat{a}(t)$ 表示加速度计的测量值，$\hat{w}(t)$ 表示陀螺仪的测量值，$a(t)$ 和 $w(t)$ 分别表示加速度计和陀螺仪的真实值，$b_a(t)$ 和 $b_g(t)$ 为加速度计和陀螺仪的随机游走误差，$u_a(t)$ 和 $u_g(t)$ 分别表示二者的噪声。

设加速度计与陀螺仪的噪声均为白噪声，服从高斯分布，则 $u_a(t)$ 和 $u_g(t)$ 的数学期望为 0，如下式(8-2)，

$$\begin{cases} E[u_g(t)] = 0 \\ E[u_a(t)] = 0 \\ E[u_a(t_1)u_a(t_2)] = \sigma_a^2 \delta(t_1 - t_2) \\ E[u_g(t_1)u_g(t_2)] = \sigma_g^2 \delta(t_1 - t_2) \end{cases} \tag{8-2}$$

式中的 σ_a 为加速度计的噪声强度，σ_g 为陀螺仪的噪声强度。在实际的计算过程中，获取得到的 IMU 测量数据都是离散采样的，因而需要对上式离散化。离散和连续高斯白噪声的方差之间存在如式(8-3)转换关系。

$$u_d[k] = \sigma_d\omega[k] \tag{8-3}$$

式中，$\omega[k] \sim N(0,1)$，$\sigma_d = \sigma\dfrac{1}{\sqrt{\Delta t}}$，$\sigma_d$ 为离散的噪声强度，$\sqrt{\Delta t}$ 为传感器的采样时间。

对于加速度计与陀螺仪的 Bias 随机游走，可以建模为一个维纳过程（wiener process），如下式（8-4）所示：

$$b_g(t) = \sigma_{bd}\omega(t) \tag{8-4}$$

其中 $\omega(t)$ 是单位的高斯白噪声，σ_{bd} 为随机游走的强度，这个模型可以看作是高斯白噪声的积分，其噪声的参数由于传感器的内部构造、温度等因素的综合影响造成的，在离散情况下称为随机游走，如式（8-5）所示：

$$b_d[k] = b_d[k-1] + \sigma_{bgd}\omega[k] \tag{8-5}$$

其中 $\omega[k] \sim N(0,1)$，$\sigma_{bgd} = \sigma_{bd}\sqrt{\Delta t}$，$\sigma_{bgd}$ 是离散的随机游走强度。根据随机游走的分布，可以看出随机游走是在前一次噪声的基础上叠加了一个高斯噪声，它的下一步永远是随机的。根据建立的误差模型可以得到在 IMU 坐标系下的角速度和加速度的测量值模型：

$$\begin{cases} \widetilde{w}_{WB}(t) = w_{WB}(t) + b_g(t) + u_g(t) \\ \widetilde{a}_{WB}(t) = R_{WB}^T(t)[a_w(t) - g_w] + b_a(t) + u_a(t) \end{cases} \tag{8-6}$$

其中，$\widetilde{w}_{WB}(t)$ 和 $\widetilde{a}_{WB}(t)$ 为 IMU 坐标系下的角速度和加速度的测量值，$w_{WB}(t)$ 和 $a_w(t)$ 分别为角速度和加速度的真实值，受自偏差和噪声的影响，g_w 为世界坐标系下的重力，$R_{WB}^T(t)$ 为世界坐标系到 IMU 坐标系的旋转矩阵。

建立 IMU 的运动学模型为：

$$\begin{cases} \dot{R}_{WB} = R_{WB}\hat{w}_{WB} \\ \dot{V}_{WB} = a_w \\ \dot{p}_{WB} = v_{WB} \end{cases} \tag{8-7}$$

上式是在连续状态下的模型，得到的测量数据都是离散形式的，因此对上式离散化，得到离散化运动学方程：

$$\begin{cases} R_{WB}(t+\Delta t) = R_{WB}(t)\exp[w_{WB}(t)\Delta t] \\ v_{WB}(t+\Delta t) = v_{WB}(t) + a_w(t)\Delta t \\ p_{WB}(t+\Delta t) = p_{WB}(t) + v_{WB}(t)\Delta t + \dfrac{1}{2}a_w(t)\Delta t^2 \end{cases} \tag{8-8}$$

式（8-8）即离散形式的运动学方程。将噪声模型代入上式中，得到完整的 IMU 模型的方程，

$$\begin{cases} R_{WB}(t+\Delta t) = R_{WB}(t)\{[\widetilde{w}_{WB}(t) - b_g(t) - u_{gd}(t)]\Delta t\} \\ v_{WB}(t+\Delta t) = v_{WB}(t) + \{R_{WB}(t)[a_{WB}(t) - b_a(t) - u_{ad}(t)] + g_w\}\Delta t \\ p_{WB}(t+\Delta t) = p_{WB}(t) + v_{WB}(t)\Delta t + \dfrac{1}{2}\{R_{WB}(t)[a_{WB}(t) - b_a(t) - u_{ad}(t)] + g_w\}\Delta t^2 \end{cases}$$

$$\tag{8-9}$$

上式即为完整的 IMU 运动学模型，表示的是相邻两帧数据之间的关系，其中 $u_{ad}(t)$ 和 $u_{gd}(t)$ 是 $u_a(t)$ 和 $u_g(t)$ 的离散值。

8.3 IMU 预积分处理及标定

在整个系统中,由于 IMU 和深度相机是单独进行数据采集,且深度相机通常以 30 Hz 频率运行。IMU 的采样频率在 200HZ,IMU 运行频率明显高于深度相机的频率,虽然在采集数据的同时采集对应的时间戳信息,但两帧图像之间包含多组 IMU 数据信息,Forster 等人[135-136]提出了 IMU 预积分的方法来处理两帧之间的 IMU 数据以降低优化难度。

由 8.2 节中的 IMU 的运动学模型可知,在第 i 和第 j 帧图像之间有多帧 IMU 数据时,如图 8-3 所示,为计算简便,现假设将 IMU 的第一帧数据与第 i 帧图像对齐,IMU 最后的一帧数据与第 j 帧图像对齐,对齐后对两个连续图像帧之间的 IMU 数据预积分处理。设时间间隔 Δt,根据结合运动学公式,计算得到更新方程:

$$\begin{cases} R_{\mathrm{WB}}^i = R_{\mathrm{WB}}^i \exp\big[(\widetilde{w}_{\mathrm{WB}}^i - b_{\mathrm{g}}^i - u_{\mathrm{gd}}^i)\Delta t\big] \\ v_{\mathrm{B}}^i = v_{\mathrm{B}}^i + g_{\mathrm{w}}\Delta t + R_{\mathrm{WB}}^i(\widetilde{a}_{\mathrm{WB}}^i - b_{\mathrm{g}}^i - u_{\mathrm{ad}}^i)\Delta t \\ p_{\mathrm{B}}^i = p_{\mathrm{B}}^i + v_{\mathrm{B}}^i\Delta t + \frac{1}{2}g_{\mathrm{w}}\Delta t^2 + \frac{1}{2}R_{\mathrm{WB}}^i(\widetilde{a}_{\mathrm{WB}}^i - b_{\mathrm{g}}^i - u_{\mathrm{ad}}^i)\Delta t^2 \end{cases} \tag{8-10}$$

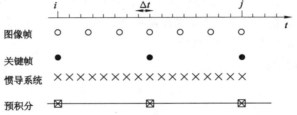

图 8-3　深度相机与 IMU 采样频率关系

采用预积分方法计算两帧影像之间的相对运动,将其作为 IMU 的测量值,定义 i 时刻与 j 时刻的相对运动增量:

$$\begin{cases} \Delta R_{ij} = R_{\mathrm{WB}}^{iT} R_{\mathrm{WB}}^i = \prod_{k=i}^{j-1}\exp\big[(\widetilde{w}_{\mathrm{WB}}^i - b_{\mathrm{g}}^i - u_{\mathrm{gd}}^i)\Delta t\big] \\ v_{\mathrm{B}}^i = v_{\mathrm{B}}^i + g_{\mathrm{w}}\Delta t + R_{\mathrm{WB}}^i(\widetilde{a}_{\mathrm{WB}}^i - b_{\mathrm{g}}^i - u_{\mathrm{ad}}^i)\Delta t \\ \Delta p_{ij} = \sum_{k=i}^{j-1}\big[v_{ik}\Delta t + \frac{1}{2}R_{ij}(\widetilde{a}_{\mathrm{w}}^i - b_{\mathrm{g}}^i - u_{\mathrm{ad}}^i)\Delta t^2\big] \end{cases} \tag{8-11}$$

Δv_{ij} 和 Δt_{ij} 并不是真正意义上的速度和位置的增量,通过观察可得知这种相对运动增量的定义方式使等式右边与 i 时刻的状态和重力无关。因此两个连续的关键帧影像之间的 IMU 更新公式可写为:

$$\begin{cases} R_{\mathrm{WB}}^{i+1} = R_{\mathrm{WB}}^i \Delta R_{i,i+1} exp(J_{\Delta R}^g b_{\mathrm{g}}^s) \\ v_{\mathrm{B}}^{i+1} = v_{\mathrm{WB}}^i + g_{\mathrm{w}}\Delta t_{i,i+1} + R_{\mathrm{WB}}^i(\Delta v_{i,i+1} + J_{\Delta v}^g b_{\mathrm{g}}^k + J_{\Delta v}^a b_{\mathrm{a}}^k) \\ p_{\mathrm{WB}}^{i+1} = p_{\mathrm{B}}^i + v_{\mathrm{WB}}^i\Delta t_{i,i+1} + \frac{1}{2}g_{\mathrm{w}}\Delta t_{i,i+1}^2 + R_{\mathrm{WB}}^i(\Delta p_{i,i+1} + J_{\Delta R}^g b_{\mathrm{g}}^k + J_{\Delta v}^a b_{\mathrm{a}}^k) \end{cases} \tag{8-12}$$

其中,雅可比矩阵 $J_r(\psi) = I - \dfrac{1 - \cos\|\psi\|}{\|\psi\|^2}\psi^\wedge + \dfrac{\|\psi\| - \sin\|\psi\|}{\|\psi\|^3}(\psi^\wedge)^2$,在如上式的不断更新中,得到预积分后与深度相机对齐后的位姿数据。

深度相机标定、IMU 标定在融合过程中具有很高的重要性,是一切的基础,经过两种标定才可以将深度相机与 IMU 采集的数据由真实三维环境转化为数字模型,为数据的融合提供一个详实的数据,其中深度相机的标定在第二章中已有叙述,接下来主要对 IMU 标定进行介绍。

IMU 的测量数据中有多种误差存在,这些误差会对 IMU 采集数据的准确性造成影响,因此需要建立 IMU 的误差模型,从而根据特定的 IMU 传感器采集的数据确定误差模型的具体参数。其中 IMU 传感器的噪声大多都是随机误差,且符合 Allan 方差法[137]的描述,Allan 方差法反映了两个相邻采样区间内平均频率差的变化情况,其对各类噪声的幂律谱项均是收敛的。IMU 的误差种类与其 Allan 方差如表 8-1 所示。

表 8-1　IMU 数据误差分类

随机误差	符号表示	Allan 方差
量化噪声	Q_a	$\sigma_Q^2 = \dfrac{3Q_a^2}{\tau^2}$
角度/速度随机游走	N_a	$\sigma_N^2 = \dfrac{N_a^2}{\tau}$
零偏不稳定性	B_a	$\sigma_B^2 = \dfrac{3B_a^2 \ln 2}{\pi}$
速率随机游走	K_a	$\sigma_K^2 = \dfrac{K_a^2 \tau}{3}$
速率斜坡	R_a	$\sigma_R^2 = \dfrac{R_a^2 \tau^2}{2}$

使用 Allan 方差法进行误差建模的主要过程如下,首先将 IMU 在室温下固定静止放置,采集 IMU 静态数据。现设总体的样本数为 L,采样时间间隔为 τ_0。其次对 IMU 数据分组,每一组数据中都有 m 个样本点,那么总的分组数为 $N = L/m$,该数取整,则对应的 Allan 方差进行积分的时间变量 $\tau = m\tau_0$,那么每组数据样本的平均值为:

$$\overline{y}_k(\tau) = \frac{1}{m}\sum_{i=1}^{m} y_{(k-1)}m + i, \quad k = 1, 2, \cdots N \tag{8-13}$$

其在积分时间变量 τ 下 Allan 方差值 $\sigma^2(\tau)$:

$$\sigma^2(\tau) = \frac{1}{2(N-1)}\sum_{i=1}^{N-1} (\overline{y}_{i+1}(\tau) - \overline{y}_i(\tau))^2 \tag{8-14}$$

则 Allan 方差即为表 8-1 中多种随机误差项的误差和:

$$\sigma^2(\tau) = \frac{3Q_a^2}{\tau^2} + \frac{N_a^2}{\tau} + \frac{3B_a^2 \ln 2}{\pi} + \frac{K_a^2 \tau}{3} + \frac{R_a^2 \tau^2}{2} \tag{8-15}$$

但是由于 Allan 方差在积分时间变量 τ 下 Allan 方差值 $\sigma^2(\tau)$ 很小,进而直接对式(8-15)简化,得到 Allan 标准差 $\sigma(\tau)$:

$$\sigma(\tau) = \frac{\sqrt{3}Q_a}{\tau} + \frac{N_a}{\sqrt{\tau}} + \frac{\sqrt{3}B_a}{\sqrt{\pi}}\sqrt{\ln 2} + \frac{K_a\sqrt{\tau}}{\sqrt{3}} + \frac{R_a\tau}{\sqrt{2}} \tag{8-16}$$

根据式(8-16)绘制双对数曲线,根据斜率的变化,可以判断计算得到随机误差的参数,也可以通过斜率的变化,判断误差类型。图 8-4 为 Allan 方差分析图,经 IMU 标定后与 Allan 方差分析图对比即可分析出噪声的主要类型及噪声的具体数值[138]。图中横坐标为相对时间,纵坐标为角度的变化率。

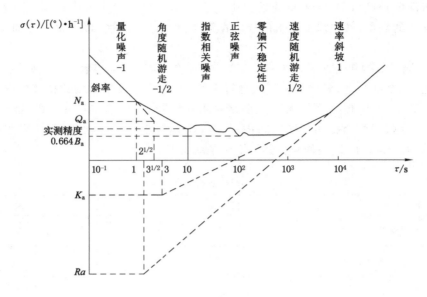

图 8-4   Allan 方差分析图

本书采用香港科技大学的标定工具 imu_utils 对 IMU 进行标定,该工具可以由静止状态下放置的 IMU 数据生成 IMU 对应的 Allan 方差分析图,通过 Allan 模型获取 IMU 的噪声类型和具体参数。本实验采用的 IMU 频率为 200 Hz,通过 imu_utils 标定工具在室温下进行了两个小时的静态测试,并从 IMU 收集了静态测量值。对 IMU 进行基于 Allan 方差的误差标定,标定结果可视化如图 8-5 所示,图中横坐标为标定时的时间轴,纵坐标为静止状态下对应部分输出值的变化率。

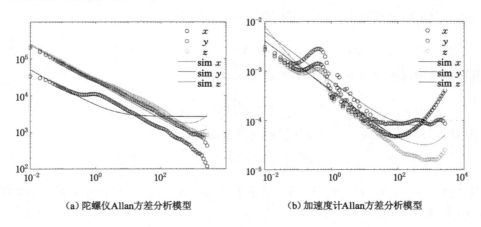

(a)陀螺仪Allan方差分析模型   (b)加速度计Allan方差分析模型

图 8-5   IMU Allan 方差分析模型

通过与模型图 8-4 中的模型分析可得 IMU 的具体误差类型,在陀螺仪中变化率为直线且直线的斜率为负数,通过与图 8-4 中的斜率的对比可以看出陀螺仪的误差类型主要为可量化噪声其次为随机游走误差。在加速度计中变化率为直线,通过与图 8-4 中的斜率的对比可以看出,加速度计的误差类型主要为可量化噪声,其次为随机游走误差。通过计算得到,陀螺仪和加速度计在离散情况下的高斯白噪声以及随机游走误差的结果如表 8-2 所示:

表 8-2　IMU 标定结果

参数	陀螺仪	加速度计
高斯白噪声	8.770 573 999 859 593 3e−01 rad/s	4.679 980 248 030 136 6e−03 m/s²
随机游走	4.847 779 716 889 664 8e−03 rad/s	5.296 931 830 509 691 4e−05 m/s²

上述方法得到的 IMU 噪声参数,是评价 IMU 数据质量的重要指标。但由于采用该方法得到的参数结果,是在恒温、IMU 静止的情况下得到的,在不同的温度环境,不同的运动状态,误差参数都会受到一定的影响,因而在实际情况下,可适当对表 8-2 的结果进行放大。

8.4　IMU 与视觉信息融合的紧耦合方法

为弥补深度相机数据估算位姿在运动过快的情况下容易出现特征追踪失败的情况,将 IMU 数据与深度相机的位姿数据进行融合。分别计算深度相机和 IMU 数据相对于第三章估算的位姿数据的误差项,提出深度相机与 IMU 数据融合估算传感器位姿方法如图 8-6 所示:

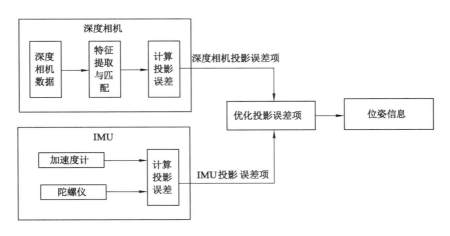

图 8-6　深度相机与 IMU 数据融合估算传感器位姿方法

分别将深度相机与 IMU 数据预测的数据通过计算其误差模型后通过非线性优化将两种误差数据融合并将误差缩小为最小值,将非线性优化的最终值作为最终的位姿数据。由于相邻帧间位姿估计需要进行线性变换,特征提取与匹配之间存在着误差,生成的位姿数据无法将特征匹配后的特征点对一一匹配[139],基于这种误差定义第 i 对点的误差项为 $e_i = p_i - (Rp_i' + t)$,然后构建最小二乘问题求使优化函数达到最小的 R, t 值。

$$\min_{R,t} \frac{1}{2} \sum_{i=1}^{n} \| [p_i - (Rp_i' + t)] \|_2^2 \qquad (8\text{-}17)$$

空间中的点可以用 $\mathbb{R}^3$ 坐标表示，空间点有 3 个自由度，直线有 4 个自由度，两个空间中的点确定一条空间直线。

假设世界坐标系相对于相机坐标系的位姿为 T_{cw}，世界坐标系中 3D 点 X_w 与位姿的约束用重投影误差来表示，空间点观测模型构建过程如下：

（1）将世界坐标系中的点 X_w 转换为相机坐标系中的点 X_c

$$X_c = T_{cw} X_w \qquad (8\text{-}18)$$

（2）根据相机模型计算点 X_c 在图像中的像素坐标 x'

$$x' = K X_c \qquad (8\text{-}19)$$

（3）预测投影点 x' 与实际投影点 x 的距离

$$e_p = x' - x \qquad (8\text{-}20)$$

假设连续两帧的相机图像分别为 I_1、I_2，空间点 X 在 I_1、I_2 的投影分别为 x_1、x_2 如图 8-7 所示：

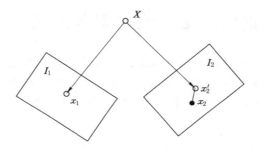

图 8-7　误差模型示意图

空间点 X 在 I_2 的实际投影位置是 x_2，而预测投影位置为 x_2'，由于噪声的存在，其预测位置与实际位置存在一定距离，因此空间点 X 的重投影误差可以用误差距离表示，即 $e_p = x' - x$。

线误差模型的空间直线可用普吕克坐标表示，普吕克坐标主要是通过一种比较简单的方式来进行空间中直线的唯一确定和矩阵表示[140]。其讨论的最终结果就是可以通过六个变量进行空间中直线的表达，其中 v 是直线的方向向量，n 是过该直线原点所在平面且垂直于 v 的法向量，即 $n^T v = 0$，如图 8-8 所示：

假设空间中两点 X_1 和 X_2，其齐次坐标分别为 $X_1 = (x_1, y_1, z_1, \omega_1)^T$ 和 $X_2 = (x_2, y_2, z_2, \omega_2)^T$，则普吕克矩阵 L 为：

$$L = X_2 X_1^T - X_1 X_2^T \in \mathbb{R}^{4\times4} \qquad (8\text{-}21)$$

普吕克矩阵是一个反对称矩阵，对角线上的元素均为 0，其行列式 $\det(L) = 0$，同一空间中任取两条直线，它们所对应空间点对的普吕克坐标相差一个系数 $L = aL'$。普吕克坐标是由普吕克矩阵 L 中的 6 个非零元素按照一定的顺序排列成的一个六维向量。

$$L = \begin{bmatrix} \widetilde{X}_1 \times \widetilde{X}_2 \\ w_1 \widetilde{X}_2 - w_2 \widetilde{X}_1 \end{bmatrix} = \binom{n}{v} \subset \mathbb{R}^6 \qquad (8\text{-}22)$$

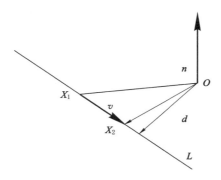

图 8-8　普吕克坐标系

普吕克坐标中的元素与普吕克矩阵中的非零元素对应,两者的关系如下:

$$L = \begin{bmatrix} n^\wedge & v \\ -v^{\mathrm{T}} & 0 \end{bmatrix} \tag{8-22}$$

上式中 $\wedge$ 是反对称符号,可以表示向量到矩阵的变换。

$$\varphi^\wedge = \begin{bmatrix} x \\ y \\ z \end{bmatrix}^\wedge = \begin{bmatrix} 0 & -z & y \\ z & 0 & -x \\ -y & 0 & x \end{bmatrix} \tag{8-24}$$

用普吕克坐标构建空间直线的投影误差模型步骤如下:

(1) 将普吕克坐标 L_w 转换并重投影到相机坐标系 L_c

$$L_c = \begin{bmatrix} R_{cw} & [t_{cw}]_\times R_{cw} \\ 0 & R_{cw} \end{bmatrix} L_w \tag{8-25}$$

(2) 根据相机模型计算空间直线在相机图像上的投影直线 L'

$$L' = \begin{bmatrix} f_v & 0 & 0 \\ 0 & f_u & 0 \\ -f_v c_u & f_u c_v & f_u c_v \end{bmatrix} \tag{8-26}$$

(3) 计算空间中匹配线段 z 两端点 X_s、X_e 到投影直线的 L' 的误差距离

$$e_l = d(z, l') = \left(\frac{X_s^{\mathrm{T}} l'}{\sqrt{l_1^2 + l_2^2}}, \frac{X_e^{\mathrm{T}} l'}{\sqrt{l_1^2 + l_2^2}} \right) \tag{8-27}$$

综合前文中空间点和直线的误差模型,相机的第 k 帧位姿 $T_{cw,k}$,第 k 帧观测到的第 i 个空间点的重投影误差为 $ep_{k,i}$,第 k 帧观测到的第 j 条空间线 $L_{w,j}$ 的重投影误差为 $el_{k,j}$,公式如下:

$$\begin{cases} ep_{k,i} = P_{uv,k,i} - KT_{cw,k} P_{w,i} \\ el_{k,j} = d(L_{uv,k,j}, K'T'_{cw,k} L_{w,j}) \end{cases} \tag{8-28}$$

在假设观测误差为高斯分布的情况下,可得到目标函数 E,即所有三维空间点和空间直线的重投影误差的和,公式如下:

$$E = \sum_{k,i} \| ep_{k,i} \|^2 + \sum_{k,j} \| el_{k,j} \|^2 \tag{8-29}$$

根据这个目标函数,求解相机位姿问题可以转换为非线性最小二乘法求解最小目标问

题。根据前两节中确定的空间点和线的重投影误差模型,可得整个非线性优化问题的目标函数为:

$$C = \operatorname*{argmin}\Big[\sum_{k,i}\rho_{\mathrm{p}}(ep_{k,i}^{\mathrm{T}}\Sigma p_{k,i}^{-1}ep_{k,i}) + \sum_{k,j}\rho_l(el_{k,j}^{\mathrm{T}}\Sigma l_{k,j}^{-1}el_{k,j})\Big] \tag{8-30}$$

其中,$\sum p$、$\sum l$ 表示点线的观测协方差,ρ_{p}、ρ_l 为 Huber 鲁棒性代价函数。由于重投影误差是用误差项的二范数平方和计算,如果出现错误匹配会导致重投影误差增长速度过快,因此引入 Huber 函数来降低单个误差项对目标函数的影响。

非线性优化问题可通过不断进行迭代直至目标函数收敛解决。本书采用列文伯格-马尔夸特(Levenberg-Marquarch,LM)算法来优化目标函数,而迭代求解非线性优化问题就转变为求解目标函数关于状态变量的雅克比矩阵 J[140]。由于本书结合了点特征和线段特征,需要分别求解空间点重投影误差和空间线段重投影 Q 的雅可比矩阵。

空间中三维点的重投影误差 e_{p} 关于相机位姿增量处的雅可比矩阵公式:

$$Jp_{\xi} = \frac{\partial e_{\mathrm{p}}}{\partial \delta\xi} = \frac{\partial e_{\mathrm{p}}}{\partial P_{\mathrm{c}}}\frac{\partial P_{\mathrm{c}}}{\partial \delta\xi} \tag{8-31}$$

根据相机的成像模型,可知:

$$\frac{\partial e_{\mathrm{p}}}{\partial P_{\mathrm{c}}} = \begin{pmatrix} \dfrac{f_x}{Z_{\mathrm{c}}} & 0 & -\dfrac{f_x X_{\mathrm{c}}}{Z_{\mathrm{c}}^2} \\[3mm] 0 & \dfrac{f_y}{Z_{\mathrm{c}}} & -\dfrac{f_y Y_{\mathrm{c}}}{Z_{\mathrm{c}}^2} \end{pmatrix} \tag{8-32}$$

其中,X_{c}、Y_{c} 和 Z_{c} 为 P_{c} 点在相机坐标系下的坐标。

结合相机的运动模型,可知:

$$\frac{\partial P_{\mathrm{c}}}{\partial \delta\xi} = \begin{bmatrix} I & -(R_{\mathrm{cw}}P_{\mathrm{w}} + t_{\mathrm{cw}})^{\wedge} \\ 0 & 0 \end{bmatrix} \tag{8-33}$$

空间中三维点的重投影误差 e_{p} 关于空间点坐标的雅可比矩阵可表示为:

$$Jp_{\mathrm{p}} = \frac{\partial e_{\mathrm{p}}}{\partial P_{\mathrm{w}}} = \frac{\partial e_{\mathrm{p}}}{\partial P_{\mathrm{c}}}\frac{\partial P_{\mathrm{c}}}{\partial P_{\mathrm{w}}} \tag{8-34}$$

结合相机的运动模型,$P_{\mathrm{c}} = R_{\mathrm{cw}}P_{\mathrm{w}} + t_{\mathrm{cw}}$,可知,$\dfrac{\partial P_{\mathrm{c}}}{\partial P_{\mathrm{w}}} = R_{\mathrm{cw}}$,$R_{\mathrm{cw}}$ 为世界坐标系到相机坐标系的旋转矩阵。

空间中直线的重投影误差 e_l 关于相机位姿量增 $\delta\xi$ 的雅可比矩阵公式:

$$Jl_{\xi} = \frac{\partial e_l}{\partial \delta\xi} = \frac{\partial e_l}{\partial L'_{uv}}\frac{\partial L'_{uv}}{\partial L_{\mathrm{c}}}\frac{\partial L_{\mathrm{c}}}{\partial \delta\xi} \tag{8-35}$$

假设空间中线段 $L_u v$ 的两个端点为 $P_{\mathrm{s}} = (u_1,v_1,1)^{\mathrm{T}}$ 和 $P_{\mathrm{e}} = (u_2,v_2,1)^{\mathrm{T}}$,重投影误差对 e_l 投影线段 L_{uv} 的雅可比矩阵为:

$$\frac{\partial e_l}{\partial L'_{uv}} = \frac{1}{l_n}\begin{pmatrix} u_1 - \dfrac{l_1 e_1}{l_n^2} & v_1 - \dfrac{l_2 e_1}{l_n^2} & 1 \\[3mm] u_2 - \dfrac{l_1 e_2}{l_n^2} & v_2 - \dfrac{l_2 e_2}{l_n^2} & 1 \end{pmatrix} \tag{8-36}$$

根据相机成像模型,$L'_{uv} = K'n_{\mathrm{c}}$,可知:

$$\frac{\partial L'_{uv}}{\partial L_{\mathrm{c}}} = \frac{\partial K'n_{\mathrm{c}}}{\partial L_{\mathrm{c}}} = (K' \quad 0) \tag{8-37}$$

根据空间线的运动变换方程可知：

$$\frac{\partial L_c}{\partial \delta\zeta} = \begin{bmatrix} -(R_{cw}n_w)^\wedge & -(R_{cw}v_w) \\ (R_{cw}v_w)^\wedge & 0 \end{bmatrix} \tag{8-38}$$

空间中直线的重投影误差 e_l 关于正交坐标的雅可比矩阵公式：

$$Jl_\theta = \frac{\partial e_l}{\partial \theta} = \frac{\partial e_l}{\partial l'} \frac{\partial l'}{\partial L_c} \frac{\partial L_c}{\partial L_w} \frac{\partial L_w}{\partial \theta} \tag{8-39}$$

设世界坐标系中的空间直线 L_w 的正交表示：

$$U = \begin{bmatrix} u_{11} & u_{12} & u_{13} \\ u_{21} & u_{22} & u_{23} \\ u_{31} & u_{32} & u_{33} \end{bmatrix}, \quad W = \begin{bmatrix} w_1 & -w_2 \\ w_2 & w_1 \end{bmatrix} \tag{8-40}$$

根据空间线的运动变换方程：

$$L_c = T'_{cw} L_w \tag{8-41}$$

联立以上三个公式，可得：

$$\begin{cases} \dfrac{\partial L_c}{\partial L_w} = \dfrac{\partial T'_{cw} L_w}{\partial L_w} = T'_{cw} \\ \dfrac{\partial L_w}{\partial \delta\zeta} = \begin{bmatrix} -(w_1 u_1)^\wedge & -w_2 u_1 \\ -(w_2 u_2)^\wedge & -w_1 u_2 \end{bmatrix} \end{cases} \tag{8-42}$$

求解以上空间点和直线的雅可比矩阵后，便可解决非线性优化问题，进而估计并优化相机位姿。

8.5　实验验证

为验证深度相机与 IMU 的融合效果，本节进行位姿的精度对比实验，将深度相机与 IMU 融合后解算出的位姿数据、利用第三章中深度相机解算出得位姿与经典的 ORB_SLAM2 算法估计的位姿数据进行对比。为了计算精度，仍然选取第三章中采用的 EuRoc 数据集对实验算法进行验证，相对于矿井环境，虽然 EuRoc 数据集环境中物体的复杂程度更高光照条件更好，更利于图像特征帧的提取，使得获取图像的位姿理论上更加容易，但由于采集过程采用无人机进行了信息的采集，对于一般和困难等级的采集过程中传感器运动速度更快，方向突变性更大，轨迹更为复杂，在一定程度上不利于仅通过视觉对位姿进行估算甚至导致估算失败，因此可以反映深度相机与 IMU 融合估算位姿的效果。由于数据集中包含了由 LEICA 激光追踪器和 VICON 动作捕捉系统记录的实时位置信息，非常适合计算估计轨迹与真实轨迹之间的误差从而得到位姿估计的精度。为适应本书的实验环境，将 EuRoc 数据集中的双目传感器采集到的数据利用三角测距原理进行深度估算，生成对应的深度图，将处理后的数据作为原始数据进行对比实验。

为适应本书的验证算法，本书选取了 EuRoc 数据集中 V1_01_easy、V2_02_medium、V2_03_difficult 三个场景对算法的精度进行比较，V1_01_easy、V2_02_medium、V2_03_difficult 分别为同一场景的简单、一般、困难三种等级的数据，三个场景随着难度的增加，其运动速度和轨迹的复杂程度也逐渐增大，可以验证出深度相机与 IMU 融合后在复杂轨迹下对算法精度的提升。如图 8-9、图 8-10 与图 8-11 所示分别为 V1_01_easy、V2_02_medium、V2

_03_difficult 场景下对仅采用深度相机、ORB_SLAM 和深度相机融合 IMU 后的位姿精度对比。对比图由位姿经精度评定工具 EVO 处理得到,分别为 APE 结果图、平移量对比图和旋转量对比。图中横坐标均为场景中的时间变量,单位为秒。平移量对比图中分别对由算法估算的传感器在世界坐标系中沿 X 轴、Y 轴、Z 轴三轴位移与真实值之间的对比,单位为米。旋转量对比图中分别对由算法估算的传感器在世界坐标系中的俯仰角、横滚角和偏航角与真实值之间的对比,单位为度。

表 8-3、表 8-4 和表 8-5 分别为在 V1_01_easy、V2_02_medium、V2_03_difficult 场景下 APE 值的统计数据。

表 8-3　V1_01 场景不同算法 APE 精度对比

	最大值/m	中位数/m	平均数/m	最小值/m	RMSE/m	标准差
RGBD	0.072 224	0.041 989	0.037 525	0.020 810	0.043 806	0.012 486
ORB_SLAM	0.075 928	0.038 404	0.033 900	0.012 815	0.041 087	0.014 603
RGBD+IMU	0.084 182	0.030 341	0.027 098	0.005 493	0.032 484	0.011 604

通过图 8-9 中平移量对比图和旋转量对比图可以看出,V1_01 场景中位移数据和欧拉角数据的斜率有多处发生突变,但变化斜率均不大说明运动速度不大,运动轨迹也不复杂。在此背景下三种算法估算的位姿精度都很高,估计值与真实值之间比较贴合且未出现追踪失败的点,三者均可以完成位姿估算。结合表 8-3 中数据可以看出三种算法 APE 平均数均在 0.03 m 左右,中位数均在 0.035 m 左右,最大值均在 0.075 m 左右,RMSE 均在 0.04 m 左右,标准差均在 0.012 左右。单独深度相机位姿估计的各项参数均高于其余两种算法估算的位姿,ORB_SLAM 估算位姿与深度相机融合 IMU 估算位姿的 APE 统计量互有高低,但总体差别不大。

表 8-4　V2_02 场景不同算法 APE 精度对比

	最大值/m	中位数/m	平均数/m	最小值/m	RMSE/m	标准差
RGBD	0.197 106	0.089 166	0.082 459	0.015 133	0.095 099	0.033 064
ORB_SLAM	0.382 039	0.093 618	0.080 948	0.006 563	0.106 524	0.050 823
RGBD+IMU	0.065 797	0.019 724	0.015 166	0.002 086	0.024 965	0.015 304

通过图 8-10 中的平移量对比图和旋转量对比图可以看出,V2_02 场景中位移数据与欧拉角数据均发生了多次突变且图中斜率较大,说明传感器在该场景中运动速度较快,轨迹复杂程度有一定程度的增加。在此背景下,仅由深度相机估算位姿的结果中,位移数据在 80 s 处出现估计值与真实值间不贴和的情况,欧拉角估算的数值与真实值完全不贴合,位姿估算失败。ORB_SLAM 算法的位移数据估计值与真实值间基本贴合,欧拉角估算的数值与真实值完全不贴合,位姿估算失败。两种算法出现欧拉角估算不贴合的原因在于采集平台为无人机,在速度较快,轨迹复杂程度的情况下位姿变化较快,尤其是在位移速度突变时机身不稳,导致欧拉角在短时间内剧烈变化,但深度相机的帧率较低,虽然对位移数据估算较为准确,但在视频流两帧之间的欧拉角剧烈变化无法估计。深度相机融合 IMU 估算的位移

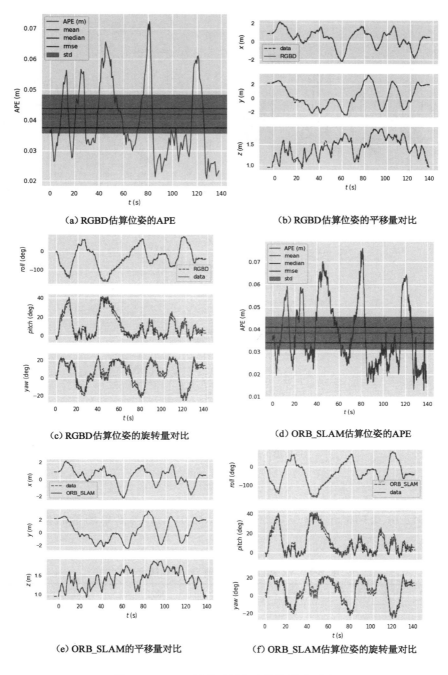

（a）RGBD估算位姿的APE　　　　　　（b）RGBD估算位姿的平移量对比

（c）RGBD估算位姿的旋转量对比　　　（d）ORB_SLAM估算位姿的APE

（e）ORB_SLAM的平移量对比　　　　　（f）ORB_SLAM估算位姿的旋转量对比

图 8-9　V1_01 场景不同算法位姿精度对比

数据、欧拉角数值与真实值间完全贴合。结合表 8-4 中数据也可以看出由深度相机估算位
姿和 ORB_SLAM 算法估算位姿的 APE 的统计学参数较深度相机融合 IMU 的估计结果有
较大的差距，APE 的平均数、中位数、RMSE 较深度相机融合 IMU 的估计结果有了接近五
倍的差距。深度相机融合 IMU 的估算结果 APE 的平均数、中位数、最大值、RMSE 和标准

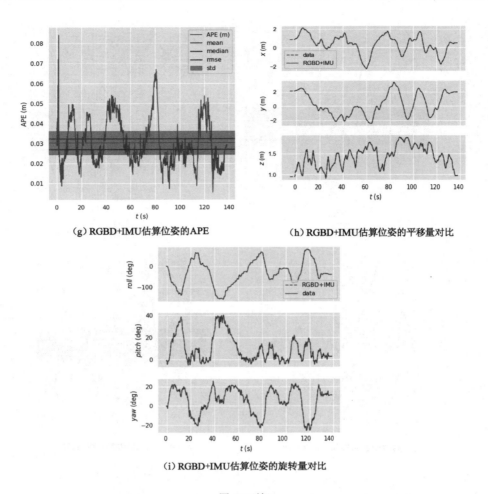

（g）RGBD+IMU估算位姿的APE　　　（h）RGBD+IMU估算位姿的平移量对比

（i）RGBD+IMU估算位姿的旋转量对比

图 8-9（续）

差分别为 0.015 m、0.019 m、0.065 m、0.024 m、0.015 m，与简单场景的相同统计量基本相同。

表 8-5　V2_03 场景不同算法 APE 精度对比

	最大值/m	中位数/m	平均数/m	最小值/m	RMSE/m	标准差
RGBD	1.155 717	0.263 011	0.205 660	0.059 524	0.311 818	0.167 499
ORB_SLAM	2.222 370	0.364 959	0.289 987	0.028 633	0.461 295	0.282131
RGBD+IMU	0.087 464	0.017 628	0.015 239	0.001 012	0.020 762	0.010 969

　　通过图 8-11 中的平移量对比图和旋转量对比图可以看出，V2_03 场景中位移数据与欧拉角数据均发生了多次突变且图中斜率更大，说明传感器在该场景中运动速度更快，轨迹更加复杂。在此背景下，仅由深度相机估算位姿、ORB_SLAM 算法估算位姿的位移数据、欧拉角数值的估计值与真实值出现了严重的不贴合情况，位姿估算失败。两种算法出现估算失败的原因，在速度较快，轨迹复杂程度的情况下基于图像的特征点法提取到的特征点数据

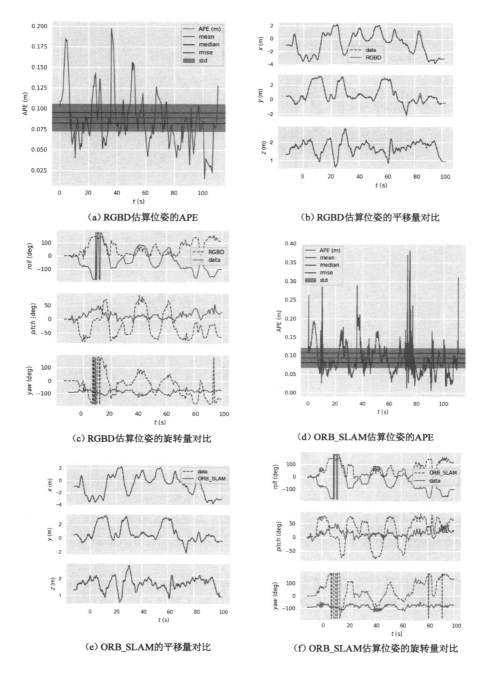

（a）RGBD估算位姿的APE

（b）RGBD估算位姿的平移量对比

（c）RGBD估算位姿的旋转量对比

（d）ORB_SLAM估算位姿的APE

（e）ORB_SLAM的平移量对比

（f）ORB_SLAM估算位姿的旋转量对比

图 8-10　V2_02 场景不同算法位姿精度对比

量不足无法完成位姿估算。深度相机融合 IMU 估算位姿的位移数据、欧拉角数值估计值与真实值间完全贴合。结合表 8-5 中数据也可以看出由深度相机估算位姿和 ORB_SLAM 算法估算位姿的 APE 的统计学参数较深度相机融合 IMU 的估计结果有较大的差距，精度较差。深度相机融合 IMU 的估算结果 APE 的平均数、中位数、最大值、RMSE 和标准差分

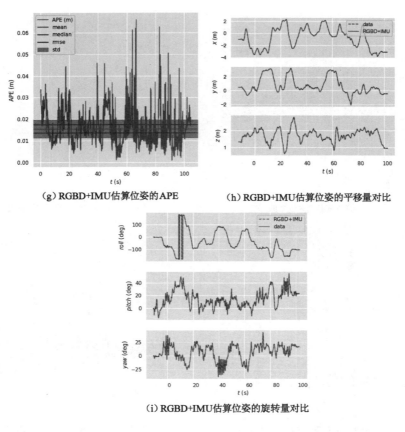

（g）RGBD+IMU估算位姿的APE　　　　（h）RGBD+IMU估算位姿的平移量对比

（i）RGBD+IMU估算位姿的旋转量对比

图 8-10（续）

别为 0.015 m、0.017 m、0.087 m、0.020 m、0.010 m，与简单场景的相同统计量基本相同。

　　通过上述三种场景的实验对比可以看出，在 V1_01 场景中，由于采集平台运动的速度较低、轨迹简单三种算法均可以完成轨迹估算，结果精度相差不大。但在 V2_02、V2_03 两场景中，随着轨迹复杂程度和运动速度的提高深度相机融合 IMU 估算位姿的优势逐渐显现出来，在 V2_03 场景中深度相机估算位姿、ORB_SLAM 算法估算的位姿均估算失败，深度相机融合 IMU 估算位姿的精度与 MH_02_easy 场景、V1_01 场景的精度却相差不大。因此可以看出，轨迹复杂程度和运动速度的提高对深度相机融合 IMU 估算位姿的精度影响不大，鲁棒性要强于其余两种算法。

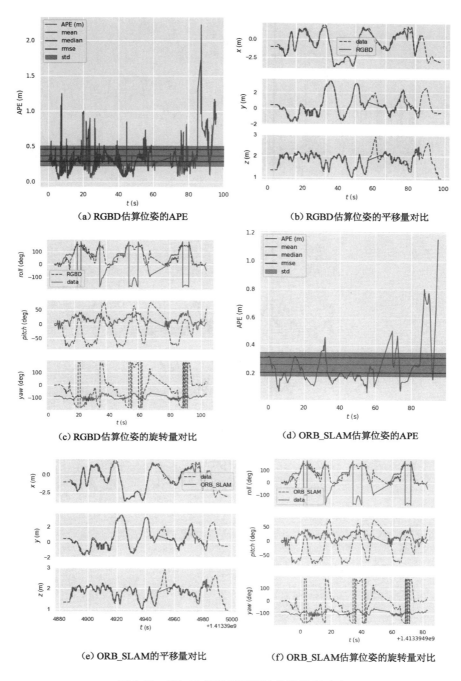

（a）RGBD估算位姿的APE

（b）RGBD估算位姿的平移量对比

（c）RGBD估算位姿的旋转量对比

（d）ORB_SLAM估算位姿的APE

（e）ORB_SLAM的平移量对比

（f）ORB_SLAM估算位姿的旋转量对比

图 8-11　V2_03 场景不同算法位姿精度对比

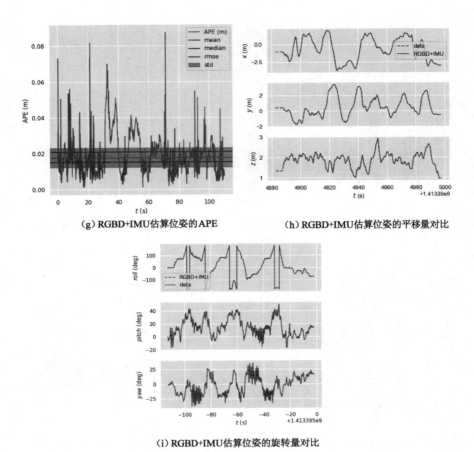

（g）RGBD+IMU估算位姿的APE　　　　　（h）RGBD+IMU估算位姿的平移量对比

（i）RGBD+IMU估算位姿的旋转量对比

图 8-11（续）

第 9 章　三维重构及验证

9.1　引言

本章的三维重构方法建立在前文位姿优化完成的基础上,采用传感器采集到的数据结合位姿数据进行三维重构,还原周围的环境信息。目前主流的视觉重构系统主要应用在空间定位及导航领域,其三维场景重建结果还主要是以稀疏特征点地图和半稠密地图为主,主要的算法代表是以构建稀疏地图的 ORB_SLAM2 算法和构建半稠密地图的 RTAB-MAP 算法,构建的稀疏地图只能用于定位和实时位姿优化,无法提供导航避障交互等其他功能。稠密点云地图可将深度相机在不同视角下生成的传感器数据结合,经优化后的位姿变换也可生成全局一致的重构模型。但是,稠密点云地图存在信息冗余和地图重影等问题。为避免上述缺点,本书基于截断符号距离函数构建的截断地图(Truncaped Signed Distance Function,TSDF)[141],对矿井巷道进行三维场景点云的融合并添加对应的颜色信息作为最终的三维重构结果。

9.2　TSDF 重构模型简介

常见的三维重构地图算法的结果主要有稠密点云地图、稀疏点云地图、TSDF 截断地图等形式[133]。稠密地图只是将采集到的数据结合对应的位姿信息进行位姿变换,将 N 帧点云信息简单叠加而生成的地图。由于位姿数据带有误差,即使进行位姿优化也不可能将误差降为零,因此这种直接拼接往往是不够准确的,对环境中的同一物体无法完全融合在一起,使地图出现重影现象影响最终的重构效果,点云数据是由像素点组成,随着点云稠密程度的增加,点云地图所占空间也会大量增加,地图也始终不是光滑的。三维重构过程中传感器采集到的数据是冗余的,采集到的不同帧点云数据在三维重构时,彼此之间会存在相互重合的部分,如何将重合部分做好融合是三维重构的重要课题之一。在点云地图中常常通过降采样方法在划分的网格中保留唯一的像素点,以此保证稠密地图中点云的像素点在整个地图中密度的一致性[142]。如图 9-1 为对矿井巷道环境下建立的点云稠密地图,因位姿数据始终存在误差使得地图中环境因素会出现重影现象,随着地图稠密程度的降低或地图细节的放大,可以明显看出点云地图是由像素点组成,地图中出现了空隙,重建效果并不理想。想要提高重建效果只能通过增加稠密程度和增大位姿数据的准确性来实现,这样不只会增加计算性能、计算时间和存储负担,而且提升的效果还会受到传感器采集数据质量的限制不可能无限提升。稀疏点云地图较稠密点云地图点云密度更加稀疏,不适合用于对环境的精密重构过程。

图 9-1　普通稠密点云地图建图效果

而 TSDF 截断地图是基于计算隐势面的方法在重构模型中生成的表面,相较于点云稠密地图,TSDF 截断地图具有计算非常简单、表面平滑、网格的细节保持比较好,精确度较好等优点,可以有效避免上述问题,下文对 TSDF 进行介绍。TSDF[143-144] 是一种网格式的地图,以重建准确的周围环境三维地图作为主要目标,更加适用于三维重建。首先选定建模空间的三维空间,按照一定的分辨率将这个空间分成许多小块,每个小块内存储着对应空间点的数据信息,把这些小块称为 TSDF 体素[145]。每个 TSDF 体素存储了该体素与距其最近物体表面的距离,如果该点在物体表面的之前,距离取正值,反之如果该点被物体表面遮挡,距离取负值。由于在地图中表面为薄薄的一层,距离物体表面太远的点的距离参数对建图过程没有作用,故将值太大或值太小的值取为 1 和 −1,并将取值归一化到 −1 和 1 之间,这样得到的距离称为截断距离,深度数据帧对应的三维点云即可通过符号截断函数计算映射到立方体素中,公式(9-1)描述了这个模型。那么在 TSDF 值由正值向负值转换的地方即为物体的表面。

$$tsdf(p) = \begin{cases} \min\left(1, \dfrac{sdf(p)}{\mu}\right), sdf(p) > 0 \\ \max\left[-1, \dfrac{sdf(p)}{-\mu}\right], sdf(p) < 0 \end{cases} \tag{9-1}$$

式中 $sdf(p)$ 为网格内所有数据点距表面的数值,μ 为归一化参数。

根据要建立的模型尺寸,先创建一个三维空间,根据预定的分辨率等分该空间,体素表示空间分割出的网格,设置体素中心点的坐标值为该体素的坐标值,将该体素点对应的 TSDF 值、权重 w 和 rgb 值保存在对应的体素空间内,随着深度相机和位姿信息的输入逐步更新实际的三维模型。如图 9-2 展示了 TSDF 模型 2D 示意图由正值向负值转变的界限连接起来可以获得类似于脸型的表面。

根据新一特征帧的彩色图、深度图和估计出的位姿数据动态更新每个体素中的对应的数值。根据当前特征帧的深度信息和前面一章估算出的相机位姿数据,则空间中需要更新的新的体素几何可由以下公式表示:

$$V(D_i) = \{v \mid \parallel v(p) - T_i(K^{-1}\{\pi^{-1}[D_i(u,v),(u,v)]\}) \parallel_2 < \mu\} \tag{9-2}$$

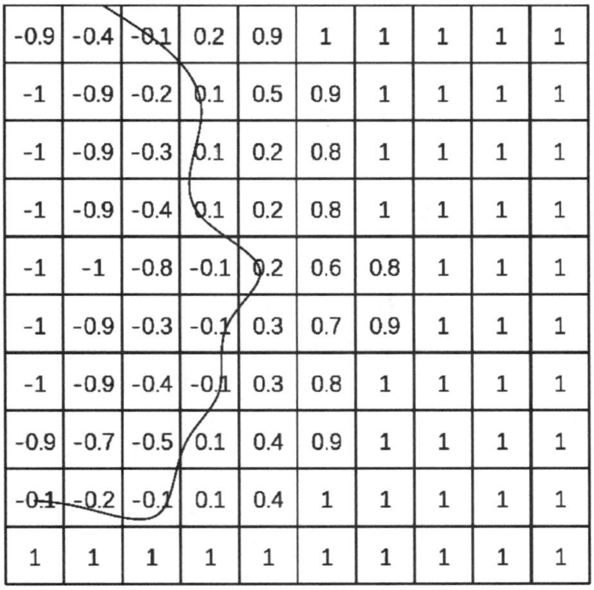

-0.9	-0.4	-0.1	0.2	0.9	1	1	1	1	1
-1	-0.9	-0.2	0.1	0.5	0.9	1	1	1	1
-1	-0.9	-0.3	0.1	0.2	0.8	1	1	1	1
-1	-0.9	-0.4	0.1	0.2	0.8	1	1	1	1
-1	-1	-0.8	-0.1	0.2	0.6	0.8	1	1	1
-1	-0.9	-0.3	-0.1	0.3	0.7	0.9	1	1	1
-1	-0.9	-0.4	-0.1	0.3	0.8	1	1	1	1
-0.9	-0.7	-0.5	0.1	0.4	0.9	1	1	1	1
-0.1	-0.2	-0.1	0.1	0.4	1	1	1	1	1
1	1	1	1	1	1	1	1	1	1

图 9-2　TSDF 模型 2D 示意图

需要更新的体素在新地图中的坐标系值为：

$$p_c(v) = R_i v(p) + t_i \tag{9-3}$$

式中 R_i 为该帧特征帧数据的坐标系相对于世界坐标系的旋转矩阵，t_i 为该帧特征帧数据的坐标系相对于世界坐标系的平移向量，两者均是第四章中经过优化融合后得到的位姿数据。对应体素的深度值、体素在相机平面中的坐标值和体素到相机镜头的距离分别表示为：

$$\begin{cases} z(v) = p_c(v)_{(3)} \\ (u,v) = \pi[Kp_c(v)] \\ d(v) = \parallel p_c(v) \parallel_2 \end{cases} \tag{9-4}$$

通过上述公式的联立，体素的 TSDF 值可以由以下公式计算得到，

$$\mathrm{TSDF}(v) = \begin{cases} \min\left[1, \dfrac{z(v)-d(v)}{\mu}\right], z(v)-d(v) > 0 \\ \max\left[-1, \dfrac{z(v)-d(v)}{-\mu}\right], z(v)-d(v) < 0 \end{cases} \tag{9-5}$$

体素的权重值为：

$$w(v) = \frac{\cos\theta}{d(v)} \tag{9-6}$$

最后根据公式(5-7)应用更新空间的 TSDF 值 $\mathrm{TSDF}'(v)$、体素权重 $W'(v)$ 和色彩值 $\mathrm{RGB}'(v)$，通过将所有特征帧融合在同一个地图中即可实现所有点云数据的融合。在点云融合的过程中主要采用计算机的显卡进行处理，中间处理文件主要储存在显存中，并不会对计算机内存产生占用。因此在三维数据重构时基于 GPU 的并行处理能力可对每个体素计算更新，融合为最后的截断地图模型[146]。

$$
\begin{cases}
TSDF'(v) = \dfrac{TSDF(v)W(v) + tsdf_i(v)w_i(v)}{W(v) + w_i(v)} \\[3mm]
W'(v) = W(v) + w_i(v) \\[3mm]
RGB'(v) = \dfrac{RGB(v)W(v) + rgb_i(v)w_i(v)}{W(v) + w_i(v)}
\end{cases}
\tag{9-7}
$$

9.3　TSDF 点云融合重构

TSDF 截断地图的生成需要占用较多的计算资源,具体的计算内容为对图像进行处理为大量重复简单的并行计算,可以应用 CUDA(Compute Unified Device Architecture)加速计算进程,缩短模型生成时间。CUDA 可以提升 GPU 在解决复杂问题时的效率,是由 NVIDIA 推出的一种通用性并行运算平台。可加速的并行计算过程具体来自于以下三个部分[147]:

(1) 计算每个深度图的 TSDF 值并构建对应的截断空间;

(2) 对每一个截断空间遍历提取表面信息并构建地图;

(3) 基于大尺度稠密可变形优化的重构模型优化。

前两个部分涉及到大量的图像计算较为耗时,不过由于可以并行处理,可通过 CUDA 进行加速,需要消耗一定的 CUDA 资源。优化部分中主要是进行非线性化问题求解,需要较多的 CPU 计算资源。

TSDF 点云融合的效果还与网格划分的大小和数量有关,网格划分越细腻融合得到的重构模型还原度越高,不过网格划分的大小会受到计算平台行性能的限制,因此需要确定一个满足三维重构效果且可以合理利用计算平台性能的网格大小参数,使用不同的网格大小参数对同一环境进行 TSDF 三维重构,通过将建模效果图和计算平台平均处理帧数等数据进行比较选取合适的网格划分大小[148]。本书将采用 0.004、0.005、0.007、0.01、0.015、0.02 五种网格大小对实验室办公桌进行三维重构,并记录建模过程中计算平台处理的平均帧数、建模所用大小及模型总网格数量参数。采用前文所述方法共采集深度相机数据共 82 帧。相机最大深度设置为 5 m。图 9-3 为采用不同网格大小进行三维重构的模型截图。通过分析重构的模型截图可以看出,随着网格划分的越来越小三维重构的结果对实际环境的还原度越来越高。重构效果在网格大小大于 0.01 和小于 0.01 两个区域内有明显的差别,当网格大小大于 0.01 时,重构模型的锯齿现象较为严重,锯齿现象多发生于物体边沿处,且三维重构的细节较为模糊;当网格大小为 0.01 时锯齿现象有了明显改善;当网格大小小于 0.01 时,随着网格大小的减小锯齿现象几乎消失,三维重构模型中的物体清晰可分辨。

表 9-1 记录了采用不同网格大小三维重构过程中处理数据的平均帧数、建模所占用空间大小及单位体积模型中网格的数量。表中数据可以看出随着划分网格大小由 0.02 mm 降低到 0.004 mm,计算平台所能计算的平均帧数由每秒 7.8 帧减小到每秒 0.18 帧,处理速度明显降低,相差约为 43 倍。建立的三维重构模型所占用的空间由 9.79 MB 升高到 49.2 MB,单位体积模型中网格的数量 293 888 个增加到 46 601 016 个。经过第三章中关键帧的选取,三维重构的帧数由每秒 30 帧减少为约每秒 2 帧,且三维重构模块与位姿解算模块相对独立,三维重构模块对实时性要求不高。经过分析,当网格大小小于 0.01 mm 时效果较

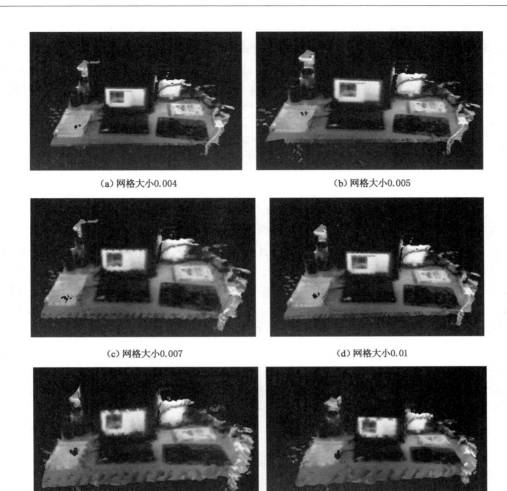

（a）网格大小0.004　　　　　　　　（b）网格大小0.005

（c）网格大小0.007　　　　　　　　（d）网格大小0.01

（e）网格大小0.015　　　　　　　　（f）网格大小0.02

图 9-3　不同网格大小建模效果图

为理想,但随着网格大小继续减小,建模效果提升并不大且对计算平台处理速度较为缓慢,因此将网格大小设为 0.07 mm 较为符合系统要求。

表 9-1　不同网格大小建模数据对比

网格大小/mm	平均每秒处理帧/帧	占用空间/MB	单位体积网格数量/个
0.004	0.18	49.2	$453 \times 334 \times 308 = 46\ 401\ 016$
0.005	0.38	25.9	$363 \times 267 \times 246 = 23\ 842\ 566$
0.007	0.98	13.0	$259 \times 191 \times 176 = 8\ 706\ 544$
0.01	2.37	6.47	$182 \times 134 \times 123 = 2\ 999\ 724$
0.015	5.53	3.05	$109 \times 85 \times 75 = 694\ 875$
0.02	7.80	9.79	$82 \times 64 \times 56 = 293\ 888$

经算法融合生成的 TSDF 模型文件以三维 mesh 模型数据保存,具体文件格式为 ply。mesh 模型为多边形模型,通过简单的结构满足绝大多数的图形应用的格式需求,以二进制形式的文件储存起来。PLY 文件只需要定义描述一个基于多边形的模型对象,该对象通过定义定点和面的数据实现各种复杂的模型的存储。PLY 文件通过 meshlab 软件即可实现模型的读取和具体尺寸的测量,文件具有占用空间小、测量调用方便等优点。

9.4　重构实验验证

9.4.1　平台介绍

在实验验证部分,本书通过前文叙述中的深度相机和 IMU 进行位姿估算,以位姿估算后的位姿数据作为相机数据单帧的位姿数据,将深度相机采集到的数据与对应的位姿数据组合,以此为依据进行融合,并生成最终的 TSDF 地图。为方便对周围环境信息进行采集,为采集平台增加了两轴电机云台,系统的硬件传感器平台主要选择深度相机传感器和 IMU 传感器,如图 9-4 所示采集平台将 Intel realsense D435 和小型航姿参考系统 AHRS-3000 IMU 传感器通过连接板刚性连接在一起,并与电机云台连接板连接在一起,采集平台通过电机云台连接板与电机云台的回转平台连接在一起,电机云台的回转平台在电机云台电机的带动下绕两电机轴的轴向旋转,通过两个电机的不同旋转角度的配合使连接在电机云台连接板上的采集平台可以以不同的角度对周围环境进行信息采集,从而使传感器采集信息更加全面细致。

(a)采集平台主视　　　　　　　(b)采集平台俯视

图 9-4　采集传感器外观图

为方便论文后续描述,对云台的坐标系作如下定义,以云台初始状态为基准,将沿水平旋转的轴线并竖直向上作为 Z 轴正方向,沿垂直旋转的轴线水平向左作为 Y 轴正方向,按笛卡尔坐标系建立坐标系,以绕 X 轴、Y 轴、Z 轴旋转作为滚转、俯仰和偏航角度。旋转角度的正负以右手定则定义,具体坐标系定义如图 9-5 所示。

经过前面章节所述的联合标定获取两个传感器坐标系之间的变换关系。其中 Intel Realsense D435 通过 USB3.0 接口与电脑连接,AHRS-3000 使用 RS-232 协议通过 COM 口以 100 Hz 传输数据帧,经过 CH340 芯片将 COM 接口转化为 USB 接口,通过 USB 接口与电脑连接,在供电方面,两传感器均为 5 V 直流供电,通过 USB 自带的 5 V 即可实现传感器供电。采集平台刚性的连接在电机云台的回转平台,电机云台通过遥控器实现沿两轴运

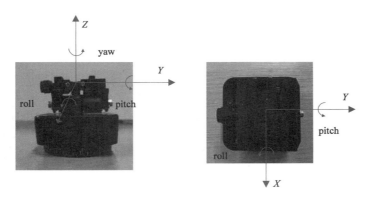

图 9-5 云台坐标定义

动,云台主体通过 18650 锂电池供电。表 9-2 所示为电机云台的具体参数,通过云台的偏航电机和俯仰电机相互协助可以使采集平台可以轻松的采集到周边环境的信息。

表 9-2 云台主要参数

云台参数	数值
水平旋转角度	$360°$
垂直旋转角度	$80°$
水平旋转速度	8 档调速,$9.8°/$秒$\sim 8°/$秒
垂直旋转速度	8 档调速,$9.8°/$秒$\sim 6°/$秒
承重	1 000 克
尺寸	$102\ mm(L) \times 102\ mm(W) \times 110\ mm(H)$
重量	650 克

本书采用采集与计算分离的模式,由于本书采用的 TSDF 截断地图的生成速度依赖于 GPU 的内存和性能,显卡内存的大小决定了最终生成的模型的最大三维尺寸。为了方便采集数据和生成最终的重构模型,本书共采用笔记本电脑和服务器两套计算平台用于三维重构工作,笔记本电脑平台为惠普家用型笔记本电脑,主要通过两个 USB3.0 接口连接两传感器进行数据采集及保存、实时位姿计算及优化以及初始点云地图生成以参考最终建模效果,并对服务器融合成的最终模型进行评估操作。第二台计算平台采用的 DELL T640 双路塔式服务器,安装了四块 2080ti,共 44G。最主要工作是将保存的对应的特征帧的深度传感器的数据和对应优化后的位姿数据融合而成 TSDF 截断地图,生成最后的模型文件。两计算平台的具体参数如表 9-3 所示。

表 9-3 实验平台参数

实验环境	配置说明

采集电脑	CPU	Intel core i5－5200u
	GPU	AMD Radeon(TM)R5 M330
	内存	8G
	操作系统	Ubuntu18.04、ROS
	编程环境	Python、C++
服务器 DELL T640	CPU	Intel 至强银 4114×2
	GPU	GeForce RTX 2080Ti×4 公版
	内存	64GB 2666 DDR4 ECC 内存
	操作系统	Ubuntu18.04、ROS
	编程环境	Python、C++
传感器	深度相机	IntelRealsense D435
	惯导传感器	AHRS-3000

9.4.2 实验结果及分析

为验证三维重构系统重构结果与真实环境的一致性,实验采用前文所述的实验平台进行数据采集和算法验证,因为传感器采集范围有限,采用云台固定的方式采集到的数据并不能覆盖整个重构范围,因此采用云台在几个固定点位上依次对环境进行全方位采集,即在俯仰角在$-40°$、$-20°$、$0°$、$20°$、$40°$时分别对偏航角进行 $360°$ 旋转扫描,点位选取原则为在地面范围内每 2 m×2 m＝4 m² 的范围内几何中心设置一个采集点位。并对采集到的数据进行位姿估算和三维重构。论文采用的验证方法为对普通环境进行三维重构并分析其准确性,然后在山东科技大学矿业实训中心山东科技大学教学矿井巷道段进行三维重构,验证其在矿井巷道段三维重构的效果。下文首先介绍重构结果与真实环境的一致性分析方法,然后分别在上述两个实验地点进行实验介绍并进行一致性分析。

(1) 实验分析方法

为了可以定量分析建模数据的准确性,分析建模值与真实值应是完全线性相关的关系,本书采用了计算真实值与建模值之间的相关系数[149]和 Theil 系数[150]来分析重构结果的真实性,并对场景的真实值和建模值进行直线拟合[151],验证真实值与建模值之间是否存在线性相关性。其中相关系数和 Theil 系数的计算公式如式(9-8)和式(9-9)所示。

$$\rho_{XY} = \frac{\text{Cov}(X,Y)}{\sqrt{D(X)}\sqrt{D(Y)}} \tag{9-8}$$

式中 $\text{Cov}(X,Y)$ 为真实值和建模值的协方差,$D(X)$、$D(Y)$ 分别为真实值和建模值的方差。

$$U = \frac{\sqrt{\frac{1}{N}\sum_{i=1}^{N}(X_i - Y_i)^2}}{\sqrt{\frac{1}{N}\sum_{i=1}^{N}X_i^2} + \sqrt{\frac{1}{N}\sum_{i=1}^{N}Y_i^2}}, \quad (0 \leqslant U \leqslant 1) \tag{9-9}$$

相关系数 $|\rho_{XY}| \leqslant 1$,$\rho_{XY} = 1$ 表示两组数据完全线性正相关,$\rho_{XY} = -1$ 表示两组数据完全线性负相关,$\rho_{XY} = 0$ 表示两组数据无线性相关性。当 $|\rho_{XY}| \geqslant 0.95$ 表示数据间的线性相关性较强,相关系数也可以在侧面反映真实值与建模值之间一致性。Theil 系数反映建模

值和真实值的一致程度,$0 \leqslant U \leqslant 1$,$U = 0$ 表示建模值和真实值完全一致,$U = 1$ 表示建模值和真实值完全无关,同时以真实值为横坐标对应的建模值为纵坐标进行线性拟合,如果真实值与建模值完全相关,理论上拟合结果应为斜率为 1 的直线,因此通过拟合结果的斜率反映重构的效果。

（2）普通环境实验

对于普通环境实验部分共选取两个场景,分别实验室外走廊和活动室。其中实验室走廊场景共采集长度约 12 米,截面形状为宽 2 米、高 3 米的矩形,可以近似看做巷道的狭长布局,活动室是由长 10 米、宽 6.2 米、高 2.9 米的长方体形房间,其封闭属性可以与巷道的密闭环境近似,可以在一定程度反映重构算法的适用性,如图为普通场景实验部分的实景图,其中 a 图为活动室的实景图,b 图为实验室外走廊的实景图。

（a）活动室场景 （b）走廊场景

图 9-6　普通场景实验实景图

分别对两个场景进行三维重构,根据采集数据的地面尺寸信息,走廊场景共生成的 TS-DF 模型以三维 mesh 模型数据格式保存,mesh 模型为多边形模型。通过简单的结构满足绝大多数的图形应用的格式需求,以二进制形式的文件储存起来,PLY 文件只需要定义描述一个基于多边形的模型对象,该对象通过定义定点和面的数据实现各种复杂的模型的存储。PLY 文件通过 meshlab 软件即可实现模型的读取和测量,具有结构简单、占用空间小、测量调用方便等优点。

图 9-7 为对普通环境中活动室场景的三维重构结果图。

活动室场景重构效果截取了三张图像反映了建模的效果,分别是整体效果图、模型整体侧视图、内部效果图 1 和内部效果图 2。其中整体效果图反映了对整个封闭环境的建模效果,图中包含了活动室中的乒乓球台、桌子凳子等元素。模型整体侧视图为模型外侧对模型的截图,构建出整体的三维重构模型符合房间为长方体的外观结构,且模型三维尺寸为长 9.75 米、宽 6.29 米、高 2.93 米,与实际的三维尺寸相差不大。内部效果图 1 反映了模型内部整体的建模效果细节,细节反映了活动室墙面上的黑板。内部效果图 2 反映了模型内部整体的建模效果细节,细节反映了活动室墙面的重构效果图,图中可以看出墙面上张贴的宣传册和门的具体细节。模型中房屋结构内部物品清晰可见,对环境的还原度较好。图 9-8 为对普通环境中走廊场景三维重构的结果。对走廊场景建模效果截取了前视图、后视图、侧

（a）整体效果图	（b）模型整体侧视图
（c）局部图1	（d）局部图2

图 9-7　活动室场景重构效果

视图三张图像。通过对三维重构的结果进行分析，可以看出整个场景的基本环境。还原了整体走廊的三维结构，门洞等元素清晰可见。重构结果真实还原了环境的真实情况。

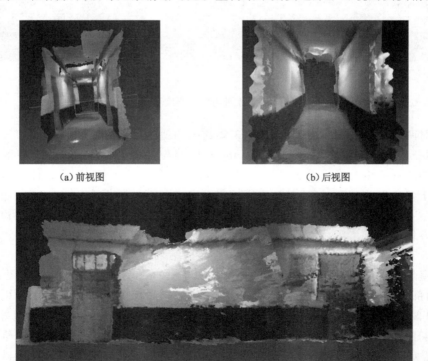

（a）前视图	（b）后视图

（c）侧视图

图 9-8　走廊场景重构效果

　　为了便于进行重构效果的定量分析,列出模型中主要尺寸,重构模型中的尺寸通过 meshlab 软件中的测量工具测量标志部位的尺寸,真实环境中通过测量仪测量对应部位的尺寸,表 9-4 为活动室场景与走廊场景下的主要建模尺寸真实值与及建模值的对比。

表 9-4　真实场景主要建模尺寸与真实尺寸

	项目	真实值(X)/m	建模值(Y)/m
活动室场景	房间长度	10	9.752 77
	房间宽度	6.2	6.297 86
	房间高度	2.9	2.937 13
	门框高度	2.7	2.676 73
	门框宽度	9.3	9.309 83
	黑板长度	2.1	2.114 72
	黑板宽度	9.1	9.104 66
	门框间距	6.0	6.080 961
	踢脚线高度	0.2	0.209 191
走廊场景	采样长度	12.0	12.216 8
	走廊宽度	2.2	2.288 45
	走廊高度	3.36	3.664 458
	漆墙高度	0.98	0.999 097
	实验室门高	2.45	2.572 61
	实验室门宽	0.92	9.026 99
	走廊门洞厚度	0.55	0.566 82
	走廊门洞宽度	9.5	9.472 98
	走廊门洞高度	3.0	3.058 65
	走廊门洞侧距墙	0.34	0.337 852
	实验室标识牌长	0.6	0.640 14
	实验室标识牌宽	0.4	0.399 548

　　下面对重构结果进行定量分析,对表 9-4 中两场景的数据分别计算相关系数和 Theil 系数,表 9-5 中的数据为计算结果。

表 9-5　场景 a 与场景 b 的相关系数和 Theil 系数

	走廊场景	活动室场景
ρ_{XY}	0.999 727 157	0.999 608 916
U	0.015 632 191	0.010 069 579

　　下面对模型中模型尺寸和实际尺寸进行一致性分析,分别在活动室场景和走廊场景中对重建尺寸与实际尺寸进行线性拟合,通过线性拟合的结果可以反映出重建模型与真实环境之间的相关性,图 9-9 绘制了走廊场景和活动室场景进行线性拟合的结果。

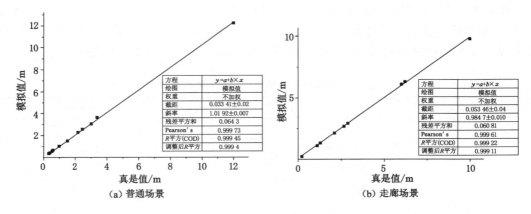

图 9-9　普通场景建模值与真实值线性拟合结果

　　根据对走廊场景和活动室场景计算的相关系数和 Theil 系数可以看出，两个场景的相关系数均在 0.99 以上，Theil 系数均小于 0.016，直线拟合的最终斜率与 1 的差距均在 0.02 以内，显示出高度的相关性，通过这三个系数的计算可以说明三维重构后的模型和真实环境在关键尺寸上是高度一致的，从侧面可以反应三维重构模型具有一定的还原程度，可以反应真实的三维环境。

　　（3）矿井巷道场景实验

　　矿井巷道段三维重构实验的实验场景为山东省省级实验教学示范中心，山东科技大学矿业实训中心山东科技大学教学矿井巷道段。相对于普通环境场景，矿井环境较为密闭，环境更为复杂，光照条件差，对相机的采集有更高的挑战。试验段包括矿车轨道，输水管道，输电线路，巷道岔路等常见的巷道场景，对实验的进行以及后期在工业现场的应用提供了良好的实验条件。本书选取实验段 a、b 两处具有代表性的场景进行建模实验，如图 9-10 所示为建模部分的实景图像和基本尺寸，a 场景包含长度约 5 米的直线型巷道，该实验场景基本包括矿车轨道、拱形巷道、人行横道照明设施、标识牌等基本元素。b 场景选取了巷道岔路，该实验场景包括巷道岔路、输水管线、输电管线、拱形巷道、矿车轨道等基本元素。a、b 两场景包含巷道场景的基本元素，通过对 a、b 两场景建模实验效果的分析可以较好的反映算法在巷道环境的适应性和准确性。

　　分别对场景 a 和场景 b 进行建模实验，场景 a 计划将长度为 5.5 米的巷道作为建模环境，结合巷道宽度为 3.4 米，所以在场景 a 共设置了 4 个采样点，具体的位置在图中以椭圆形的点位进行了标识。场景 b 由于涉及到岔路口结合尺寸将计划采样范围按照长 4 米、宽 4 米的正方形处理，共设置了 4 个采样点，具体的位置在图中以椭圆形的点位进行了标识。采样点示意图在图 9-10 中体现为点进行标注，最终的建模效果如图 9-11 和图 9-12 所示，其中场景 a 建立的模型分别截取了图像 1 模型全景、图像 2 模型侧视图、图像 3 轨道视图、图像 4 模型近景四幅图像。场景 b 建立的模型分别截取了图像 1 主巷道视图、图像 2 巷道岔路视图、图像 3 模型侧视图、图像 4 管线局部图四幅图像。通多对建模效果的观察可以看出，模型基本还原出了巷道的基本结构，巷道内矿车轨道、人行道、拱形巷道、巷道岔路、管线、拱形巷道等基本元素清晰可分辨，同时模型中颜色的还原度较高，与真实环境中的颜色相符，对场景 a、和场景 b 建模的效果良好。

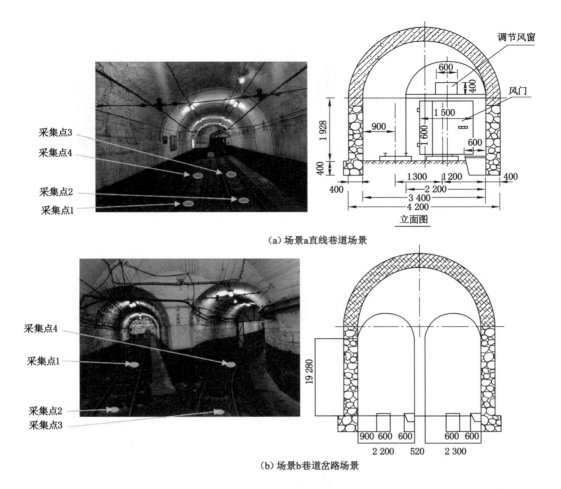

（a）场景a直线巷道场景

（b）场景b巷道岔路场景

图 9-10　建模实地场景及尺寸

　　下面分别对场景 a 和场景 b 的建模数据进行定量分析，在图 9-10 中标注了两场景中主要的三维尺寸，这些尺寸来源于矿业实训中心的技术文件，将这些值作为真实值与模型中对应部位的建模数值进行比对，反映建模效果。表 9-6 展示了两场景的主要尺寸的真实值与建模值。

表 9-6　巷道主要重构尺寸与真实尺寸对比

项目	真实值(X)/m	建模值(Y)/m

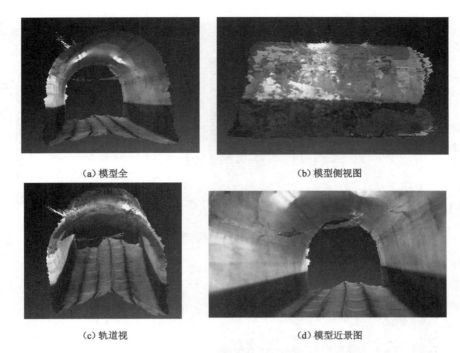

（a）模型全　　　　　　　　　　　（b）模型侧视图

（c）轨道视　　　　　　　　　　　（d）模型近景图

图 9-11　场景 a 建模结果

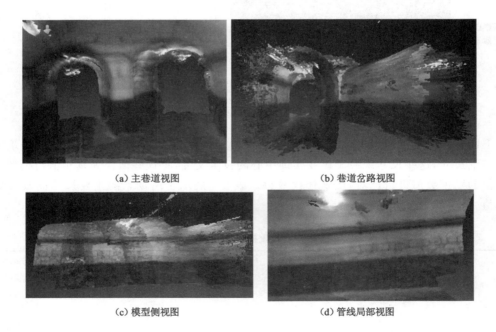

（a）主巷道视图　　　　　　　　　（b）巷道岔路视图

（c）模型侧视图　　　　　　　　　（d）管线局部视图

图 9-12　场景 b 建模结果

场景 a	采样长度	5.5	5.751 6
	巷道宽度	3.4	3.424 94
	巷道半高	9.928	9.981 83
	右轨道中心至右墙	9.2	9.231 95
	轨道中心距	9.3	9.342 42
	左轨道中心至右墙	2.2	2.212 79
	左轨道中心至左墙	0.9	0.884 3
	人行道宽度	0.6	0.591 537
场景 b	小巷道间距	0.52	0.506 962
	矿车轨道宽度	0.6	0.601 897
	小巷道人行道宽度	0.6	0.606 332
	轨道中距左测宽度	9.2	9.232 59
	大巷道人行道宽度	0.6	0.593 627
	右侧小巷道宽度	2.30	2.198 62
	左侧小巷道宽度	2.20	2.045 7
	大巷道宽度	3.20	3.152 44
	管道高度	2	2.048 51
	小巷道半墙高度	9.928	9.955 73
	长大巷道采样长度	6	5.960 39
	小巷道采集长度	2	9.962 45

　　为对矿井巷道的重构效果进行定量分析,根据表 9-6 的数据分别计算巷道环境场景 a 与场景 b 的相关系数和 Theil 系数,表 9-7 为场对应的计算结果。

表 9-7　场景 a 与场景 b 的相关系数和 Theil 系数

	场景 a	场景 b
ρ_{XY}	0.999 684 585	0.999 347 032
U	0.017 636 107	0.012 498 4

　　将根据表 9-6 的数据分别对场景 a 和场景 b 的真实值与建模值进行线性拟合,线性拟合的结果如图 9-13 所示,真实值与建模值的拟合程度可以通过线性拟合的拟合优度 R^2 和直线拟合的斜率侧面反映,其中 $0 \leqslant R^2 \leqslant 1$,$R^2$ 的值越接近 1 说明建模值与真实值之间的拟合程度越好,R^2 的值越接近 0 说明建模值与真实值之间的拟合程度越差。线性拟合的斜率越接近于 1 说明建模值与真实值之间的线性相关性越高。

　　表 9-7 为场景 a 与场景 b 的相关系数和 Theil 系数,从计算的数值可以看出场景 a 与场景 b 的相关系数约为 1,Theil 系数在 0.015 左右。图 9-13 是根据表 9-6 中两场景数据尺寸进行线性拟合得到的结果,图中横轴表示真实场景中的重要尺寸,纵轴表示三维重构模型中对应的尺寸数值,通过拟合效果可以看出,真实值和模拟值进行线性拟和得到直线的斜率均大于 0.95,拟合优度 R^2 均大于 0.999。由此可以看出两场景的真实值与建模值之间一致性

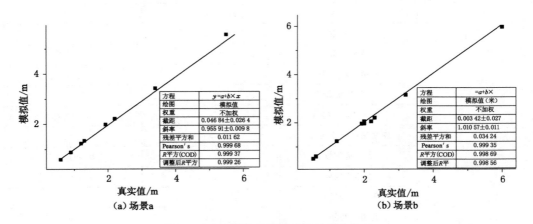

图 9-13　建模值与真实值线性拟合结果

较强,重构结果可以反应真实的三维环境。

第 10 章　总结与展望

10.1　总结

　　本书并针对履带机器人的应用场景,从分析和优化机器人复杂路况通过性着手,进行了用于搜救作业的摆臂式履带机器人的建模及动力学仿真,采用了深度相机和 IMU 融合的技术路线解算出传感器不同时刻的位姿数据,并以解算出的位姿数据和深度相机采集的数据对环境的三维结构进行 TSDF 模型构建,通过实验结果的分析,融合后的位姿数据与理想数值间的误差较小,满足建模要求,构建的 TSDF 模型的关键尺寸与真实值对应尺寸一致,并通过线性拟合等方法判断数字模型与真实环境的一致性。

　　本书做了以下几方面的研究:

　　(1)提出了一种结构紧凑的四摆臂履带机器人传动机构设计方案。结合机器人作业场景,给出了履带机器人的具体结构参数与性能指标;对其关键部件进行了强度分析和模态分析,并完成了基于响应面法的机器人关键结构轻量化设计;开发了履带机器人实验样机控制系统,包括无线通信模块、电控模块、信号采集和信号中继模块等部分。考虑了机器人越障过程几何约束、打滑约束以及倾翻稳定性等多种影响因素,以优化越障能力为目标,建立了履带机器人越障数学模型,得到了越障高度随机器人各关节长度和摆动角度变化的规律;建立了摆臂式履带机器人优化数学模型,完成了基于 NSGA-II 算法的履带机器人越障性能多目标优化,经优化履带机器人的极限越障高度提升了 4.19%,前摆臂传动轴受力减小了 5.5%。

　　(2)以减小履带机器人松软地面行驶阻力和沉陷量为目标,基于地面力学理论,分析了履带机器人所能产生的最大牵引力和驱动力矩与机器人自身质量、履带接地面积与滑移率、行驶阻力、沉陷量等影响因素之间的关系,得出了增大履带接地面积和减小机器人纵向偏心距可以有效降低行驶阻力的结论,从而为增强机器人松软地面通过性能、延长行驶距离研究提供了理论基础。

　　(3)利用 RecurDyn 和 EDEM 软件分别建立了履带机器人虚拟样机、仿真实验路面以及土槽模型;通过仿真实验分析了机器人通过各种典型障碍的能力和受力情况;通过土槽模型和履带机器人虚拟样机的双向耦合,建立了履带-地面相互作用空间系统,分析了履带对土壤的干扰作用以及机器人在松软地面行驶过程中行驶力矩的变化规律。进行了平地、坡地、台阶、坡地台阶、壕沟、松软地面以及连续台阶,七种路况的通过性能实验。实验结果表明,机器人具有较强的越障性能,且达到了设计指标的要求。

　　(4)采用改进的 PNP 算法估算深度相机帧间位姿变换。传统的特征提取算法提取到的特征点会受光照,物体轮廓等方面的影响,提取的特征点在纹理变化明显的部分会出现聚集现象,在纹理变化不明显的部分提取不到特征点,采用网格处理的方式均匀化特征点提取,改善建模过程中的图像追踪失败的现象,同时基于视频流的特点将暴力匹配算法替换为附近匹配,并通过改进的 PNP 算法估算相机不同帧之间的转变位姿数据。

（5）采用深度相机和 IMU 融合优化位姿数据。深度相机采集到的数据频率较低,通常在 30 Hz,在环境纹理较低或运动速度较快时会导致图像追踪失败无法继续计算位姿数据。而 IMU 具有高的采集频率,可以在图像帧之间提供相应的位姿数据减小追踪失败的可能性,运用图优化的方式在图像帧的时间尺度内进行传感器融合。采用 TSDF 模型对环境进行三维重构。相较于栅格地图、点云地图、稀疏地图、八叉树地图,用 TSDF 模型构建的地图重构信息准确清晰,可方便获取模型尺寸信息等特点,同时模型所占用的空间较点云地图有进一步减小优化。可以直观反映建立模型段的尺寸和外观信息。验证了井上环境和矿井巷道环境中程序的重构效果,对普通环境和井下环境的重构效果基本符合预期。

10.2　展望

限于作者水平及实验条件限制,本书未来还可开展以下研究:

（1）增加机器人多场景下的动力学性能及路面复杂状况的通过性研究,开展轮式机器人、轮履式机器人的多场景下的动力学性能及路面复杂状况的通过性研究,丰富机器人机构形式,拓展本研究的深度和宽度。

（3）采用多刚体动力学等理论开展移动机器人动力学性能研究,增加机器人动力学研究方向的理论成果。

（3）在三维重构方法上,寻找能否基于点线特征提取匹配的方法,如基于光流的匹配方法等,提升位姿数据估算的准确率。

（4）采用深度相机、IMU、激光雷达等多传感融合的方法,建立三维从重构模型,保证在机器人运动较高速度下依然可以获得可靠的结果。

（5）开展基于该模型地图研究路径规划、动态识别等应用,结合机器人实际运行场景进行路径规划、自动避障等研究和应用。

望本书所做工作能起到投石问路、抛砖引玉的作用,为今后的履带式搜救机器人关键技术研究带来新的启发和视野。

参 考 文 献

［1］ 王猛.中国机器人产业发展报告［M］.北京:社会科学文献出版社,2020

［2］ 葛世荣,朱华.危险环境下救援机器人技术发展现状与趋势［J］.煤炭科学技术,2017,45
（05）:1-8,21.

［3］ 葛世荣,胡而已,裴文良.煤矿机器人体系及关键技术［J］.煤炭学报,2020,45（01）:
455-463.

［4］ Ben T P,Saab W. A Hybrid Tracked-Wheeled Multi-Directional Mobile Robot［J］.
Journal of Mechanisms and Robotics,2019,11(4):1-29.

［5］ Zong C,Ji Z,Yu J,et al. An angle-changeable tracked robot with human. robot
interaction in unstructured environments［J］. Assembly Automation,2020,40（04）:
565-575.

［6］ Li Y,Li M,Zhu H,et al. Development and applications of rescue robots for explosion
accidents in coal mines［J］. Journal of Robotic Systems,2020,37(3):466-489.

［7］ 李楠,李晗.军用地面无人平台现状及发展趋势研究［J］.无人系统技术,2018,1（02）:
34-42.

［8］ Zhang Q H,Zhao W,Chu S N,et al. Research Progress of Nuclear Emergency
Response Robot［J］. IOP Conference Series:Materials Science and Engineering,2018,
452(4):1-15.

［9］ 朱华,由韶泽.新型煤矿救援机器人研发与试验［J］.煤炭学报,2020,45（06）:
2170-2181.

［10］ Li Y,Dai S,Tian F,et al. Stairs. climbing Capacity of a W-Shaped Track Robot［J］.
Transactions of FAMENA,2019,43(SI1):13-24.

［11］ Zhang S,Yao J T,Wang Y B,et al. Design and motion analysis of reconfigurable
wheel-legged mobile robot［J］. Defence Technology,2021(1):1-18.

［12］ Zong C,Ji Z,Yu H. Dynamic stability analysis of a tracked mobile robot based on
human – robot interaction［J］. Assembly Automation,2019,40(5). 143-153.

［13］ Yajima R,Nagatani K,Hirata Y. Research on traversability of tracked vehicle on
slope with unfixed obstacles:derivation of climbing. over, tipping-over, and sliding-
down conditions［J］. Advanced Robotics,2019,33(20):1-12.

［14］ Bai Y,Sun L,Zhang M. Terramechanics Modeling and Grouser Optimization for
Multistage Adaptive Lateral Deformation Tracked Robot［J］. IEEE Access,2020,8:
171387-171396.

［15］ Wang W,Yan Z,Du Z. Experimental study of a tracked mobile robot's mobility performance-ScienceDirect[J]. Journal of Terramechanics,2018,77:75-84.

[16] 潘冠廷,杨福增,孙景彬,等.小型山地履带拖拉机爬坡越障性能分析与试验[J].农业机械学报,2020,51(09):374-383.

[17] 白意东,孙凌宇,张明路,等.履带机器人地面力学研究进展[J].机械设计,2020,37(10):1-13.

[18] Sun S,Wu J,Ren C,et al. Chassistra fficability simulation and experiment of a LY1352JP forest tracked vehicle[J]. Journal of Forestry Research,2021,32(03):1315-1325.

[19] 刘妤,张拓,谢铌,等.小型农用履带底盘多体动力学建模及验证[J].农业工程学报,2019,35(07):39-46.

[20] Guo T,Guo J,Huang B,et al. Power consumption of tracked and wheeled small mobile robots on deformable terrains-model and experimental validation[J]. Mechanism and Machine Theory,2019,133:347-364.

[21] Xiao L,Wang J,Qiu X,et al. Dynamic-SLAM:Semantic monocular visual localization and mapping based on deep learning in dynamic environment[J]. Robotics & Autonomous Systems,2019.

[22] Yba A,Tr A,Xqy A,et al. Visual SLAM in dynamic environments based on object detection[J]. Defence Technology,2020.

[23] 赵兰迎,颜军利,胡卫建,等.废墟搜救机器人性能综合测试环境设计及应用[J].自然灾害学报,2019,28(02):191-198.

[24] 白钰,潘冠廷,刘志杰,等.山地履带拖拉机纵向坡地越障性能仿真分析及试验验证[J].安徽农业大学学报,2017,44(03):536-540.

[25] 宋庆军,胡程量,姜海燕,等.巡检机器人松软地面行进动力学分析与仿真[J].煤矿机械,2021,42(11):88-90.

[26] 毕秋实,王国强,陈立军,等.基于离散元.多体动力学联合仿真的机械式挖掘机挖掘阻力仿真与试验[J].吉林大学学报(工学版),2019,49(01):106-116.

[27] Zc A,Dx B,Gw A,et al. Simulation and optimization of the tracked chassis performance of electric shovel based on DEM-MBD[J]. Powder Technology,2021,390:428-441.

[28] 陈文佑,章伟,史晓帆,等.一种改进ORB特征匹配的半稠密三维重建ORB-SLAM算法[J].电子科技,2021,34(12):62-67.

[29] 林永,杨晨璐,王春阳,等.基于SLAM的智能小车设计与实现[J].电工技术,2021(24):58-60.

[30] 俎晨洋,刘凤连,汪日伟.基于注意力机制的特征点匹配网络的SLAM方法[J].光电子·激光,2022,33(01):14-22.

[31] 黄耀聪,高伟强,刘达,等.喷涂机器人IMU采样示教及其误差补偿[J].组合机床与自动化加工技术,2021(12):15-18.

[32] Cai L,Ye Y,Gao X,et al. An improved visual SLAM based on affine transformation for ORB feature extraction[J]. Optik-International Journal for Light and Electron

Optics,2021,227:165421.

[33] 俎晨洋,刘凤连,汪日伟.基于注意力机制的特征点匹配网络的 SLAM 方法[J].光电子·激光,2022,33(01):14-22.

[34] 楼益栋,王昱升,涂智勇,等.融合多棱镜式雷达/IMU/RTK 的轨道车辆高精度实时定位与建图[J].武汉大学学报(信息科学版),2021,46(12):1802-1807.

[35] 周志全,刘飞,屈婧婧,等.基于 IMU 与激光雷达紧耦合的混合匹配算法[J].计算机系统应用,2021,30(11):203-209.

[36] 邹明宇,杜永昌,尹航,等.车辆 IMU 软测量技术精度分析[J].哈尔滨:哈尔滨工业大学学报,2022,54(01):14-21.

[37] 程为彬,陈烛姣,张夷非,等.IMU 姿态误差均衡校正模型与验证[J].仪器仪表学报,2021,42(09):202-213.

[38] 秦闪闪,陈夏兰,徐颖,等.基于 DKF 的 IMU 误差预测算法[J].导航定位与授时,2021,8(05):1-8.

[39] 王嵩,张雨飞,霍梅梅.基于 IMU 姿态传感器的游泳数据分析系统[J].现代计算机,2021,27(24):154-158.

[40] Reijgwart V, Millane A, Oleynikova H, et al. Voxgraph: Globally Consistent, Volumetric Mapping using Signed Distance Function Submaps[J]. IEEE Robotics and Automation Letters,2020,5(1):227-234.

[41] 宋文龙,李双,张永超,等.基于 TSDF 模型的点云孔洞修复方法[J].黑龙江大学自然科学学报,2018,35(01):102-106.